Der

Gift- und Farbwaaren-Handel.

Gesetz- und Waarenkunde

für den Gebrauch in

Drogen- und Materialwaarenhandlungen sowie in
Versandtgeschäften und chemischen Fabriken

bearbeitet von

Arnold Baumann.

Springer-Verlag Berlin Heidelberg GmbH

1901.

ISBN 978-3-642-89519-7 ISBN 978-3-642-91375-4 (eBook)
DOI 10.1007/978-3-642-91375-4

Vorwort.

In den meisten deutschen Bundesstaaten ist der Handel mit Giften von einer besonderen Genehmigung der Aufsichtsbehörde, einer sogenannten Giftkoncession, abhängig. Diese Genehmigung wird in der Regel nur dann ertheilt, wenn der Gesuchsteller nachgewiesen hat, dass er mit den einzelnen Bestimmungen der Vorschriften über den Handel mit Giften vertraut ist und weiterhin auch die hervorragendsten Eigenschaften der in Frage kommenden Gifte, sowie die bei ihrer Behandlung nothwendig zu beobachtenden Vorsichtsmassregeln kennt.

Man kann sich diese Kenntnisse aus den bereits bestehenden Kommentaren zu den erwähnten Vorschriften sowie aus pharmaceutischen und chemisch-technischen Handbüchern oder auch aus den Handbüchern der Drogisten zusammentragen. Dieser Weg ist aber umständlich, zeitraubend und für den der Literatur Unkundigen kaum gangbar. Man ist dabei gezwungen, eine Menge Dinge zu lesen, die dem eigentlichen Zwecke fern liegen, und wird andererseits vielfach das nicht finden, was der Gifthändler in seiner täglichen Praxis nothwendig braucht.

Eine besondere Waarenkunde für Gift- und Farbwaarenhändler erschien deshalb nicht überflüssig. Der Verfasser dieses Buches hat sich dabei streng an die Erfordernisse der Praxis gehalten und geglaubt, nur das zusammenfassen zu sollen, was mit der Herkunft und Anwendung und der specifischen Eigenart der einzelnen Gifte in direktem Zusammenhang steht. Nur dem Händler soll dieses Buch dienen, nicht dem Fabrikanten oder Konsumenten. Der Händler aber, sei er Drogist, Kaufmann oder gleichzeitig Fabrikant, wird darin hoffentlich alles finden, worauf er sein Augenmerk bei der Aufbewahrung, Abgabe und sonstigen Behandlung der Gifte zu richten hat. Besonders jüngeren Angestellten in den entsprechenden Handlungen und Fabriken hofft der Verfasser mit seiner Waarenkunde praktisch werthvolle Hinweise zu bieten und sie sowie ihre Mitarbeiter vor Schaden und strafrichterlicher Verfolgung zu behüten. Es sind darin absichtlich alle rein wissenschaftlichen Momente übergangen und die einzelnen Kapitel so gefasst, dass der Inhalt ohne alle chemischen oder pharmaceutischen Vorkenntnisse verstanden werden kann. Die Gesetzeskunde wird als eine sehr nothwendige Ergänzung zu der Waarenkunde hoffentlich gern entgegen genommen werden.

Da jeder Abschnitt des Buches für sich brauchbar sein soll, konnten Wiederholungen nicht ganz vermieden werden. Das Buch soll sowohl zu Unterrichtszwecken, als auch zur schnellen Orientirung von Fall zu Fall dienen. Es wurde aus letzterem Grunde auch den verschiedenartigen deutschen und lateinischen Handelsbezeichnungen sowie dem Register die grösste Sorgfalt gewidmet.

Juni 1901.

Der Verfasser.

Inhalt.

I. Gesetzeskunde.

	Seite
I. Vorschriften betreffend den Handel mit Giften nebst Erläuterungen	1
1. Handel mit Giften	1
2. Aufbewahrung der Gifte	5
Anordnung der Vorräthe	5
Beschaffenheit der Vorrathsgefässe	6
Bezeichnung der Vorrathsgefässe	7
Giftkammer	8
Giftschrank	9
Aufbewahrung von Phosphor, Kalium u. Natrium	10
3. Besondere Geräthe für den Giftverkehr	11
4. Abgabe der Gifte	13
Von wem darf Gift abgegeben werden?	13
Giftbuch	13
An wen darf Gift abgegeben werden?	15
Erlaubnissschein	16
Unter welchen Bedingungen darf Gift abgegeben werden?	17
Giftschein	18
Verpackung der Gifte	19
5. Besondere Vorschriften über Farben	20
6. Ungeziefermittel	21
7. Gewerbebetrieb der Kammerjäger	22
II. Bedingungen, unter denen der Gifthandel in den einzelnen Bundesstaaten gestattet ist	22

II. Waarenkunde.

	Seite
Definition des Begriffes Gift und Eintheilung der Gifte	24
I. Gifte der Abtheilung 1	26
II. Gifte der Abtheilung 2	45
III. Gifte der Abtheilung 3	71
IV. Giftige Farben	100
V. Ungeziefermittel	117
Register	123

Vorschriften betreffend den Handel mit Giften.
(Bundesrathsbeschluss vom 29. November 1894.)
In sämmtlichen deutschen Bundesstaaten in Kraft getreten im Sommer 1895.

§ 1. Der gewerbsmässige Handel mit Giften unterliegt den Bestimmungen der §§ 2 bis 18.

Als Gifte im Sinne dieser Bestimmungen gelten die in Anlage I aufgeführten Drogen, chemischen Präparate und Zubereitungen.

Nur der Handel mit Giften unterliegt den Bestimmungen der §§ 2 bis 18 und auch nur dann, wenn derselbe **gewerbsmässig** betrieben wird. Daraus folgt einerseits, dass Jeder, der in seinem eigenen Gewerbebetrieb oder zu irgend einem erlaubten gewerblichen, wirthschaftlichen, wissenschaftlichen oder künstlerischen Zwecke Gift irgend welcher Art benutzt, **ohne damit zu handeln**, nicht gezwungen ist, die in §§ 2 bis 18 enthaltenen Vorschriften über die Aufbewahrung der Gifte innezuhalten; andererseits unterliegt auch ein gelegentliches, aushilfsweises Ueberlassen von Gift an Andere den betreffenden Vorschriften über die Abgabe der Gifte nicht. Unbeschadet dessen ist Jedermann verantwortlich für den Schaden, welcher durch Gift irgend welcher Art angerichtet wird, das ihm zu einem der oben genannten Zwecke anvertraut wurde.

Sämmtliche Drogen, chemische Präparate und Zubereitungen, welche in Anlage I nicht aufgeführt sind, unterliegen auch nicht den Bestimmungen des § 2 bis 18, mögen sie im übrigen auch als giftig, ätzend etc. bekannt sein. Ein gewissenhafter Gifthändler wird aber trotzdem auch solche Waaren unter entsprechenden Vorsichtsmassregeln aufbewahren und abgeben.

Anlage I.
Verzeichniss der Gifte.
Abtheilung 1.

Akonitin, dessen Verbindungen und Zubereitungen.
Arsen, dessen Verbindungen und Zubereitungen, auch Arsenfarben.
Atropin, dessen Verbindungen und Zubereitungen.
Brucin, dessen Verbindungen und Zubereitungen.

Vorschriften betreffend den Handel mit Giften.

Curare und dessen Präparate.
Cyanwasserstoffsäure (Blausäure), Cyankalium, die sonstigen cyanwasserstoffsauren Salze und deren Lösungen, mit Ausnahme des Berliner Blau (Eisencyanür) und des gelben Blutlaugensalzes (Kaliumeisencyanür).
Daturin, dessen Verbindungen und Zubereitungen.
Digitalin, dessen Verbindungen und Zubereitungen.
Emetin, dessen Verbindungen und Zubereitungen.
Erytrophloeïn, dessen Verbindungen und Zubereitungen.
Fluorwasserstoffsäure (Flusssäure).
Homatropin, dessen Verbindungen und Zubereitungen.
Hyoscin (Duboisin), dessen Verbindungen und Zubereitungen.
Hyoscyamin (Duboisin), dessen Verbindungen und Zubereitungen.
Kantharidin, dessen Verbindungen und Zubereitungen.
Kolchicin, dessen Verbindungen und Zubereitungen.
Koniin, dessen Verbindungen und Zubereitungen.
Nikotin, dessen Verbindungen und Zubereitungen.
Nitroglycerinlösungen.
Phosphor (auch rother, sofern er gelben Phosphor enthält) und die damit bereiteten Mittel zum Vertilgen von Ungeziefer.
Physostigmin, dessen Verbindungen und Zubereitungen.
Pikrotoxin.
Quecksilberpräparate, auch Farben, ausser Quecksilberchlorür (Kalomel) und Schwefelquecksilber (Zinnober).
Skopolamin, dessen Verbindungen und Zubereitungen.
Strophanthin.
Strychnin, dessen Verbindungen und Zubereitungen, mit Ausnahme von strychninhaltigem Getreide.
Uransalze, lösliche, auch Uranfarben.
Veratrin, dessen Verbindungen und Zubereitungen.

Abtheilung 2.

Acetanilid (Antifebrin).
Adoniskraut.
Aethylenpräparate.
Agaricin.
Akonit-extrakt, -knollen, -kraut, -tinktur.
Amylenhydrat.
Amylnitrit.
Apomorphin.
Belladonna-blätter, -extrakt, -tinktur, -wurzel.
Bilsenkraut-samen, -extrakt, -tinktur.
Bittermandelöl, blausäurehaltiges.
Brechnuss (Krähenaugen), sowie die damit hergestellten Ungeziefermittel, Brechnussextrakt, -tinktur.
Brechweinstein.
Brom.
Bromäthyl.
Bromalhydrat.

Bromoform.
Butylchloralhydrat.
Calabar-extrakt, -samen, -tinktur.
Cardol.
Chloräthyliden, zweifach.
Chloralformamid.
Chloralhydrat.
Chloressigsäuren.
Chloroform.
Chromsäure.
Cocaïn, dessen Verbindungen und Zubereitungen.
Convallamarin, dessen Verbindungen und Zubereitungen.
Convallarin, dessen Verbindungen und Zubereitungen.
Elaterin, dessen Verbindungen und Zubereitungen.
Erythrophloeum.
Euphorbium.
Fingerhut-blätter, essig, -extrakt, -tinktur.
Gelsemium-wurzel, -tinktur.
Giftlattich-extrakt, -kraut, -saft, (Laktukarium).
Giftsumach-blätter, -extrakt, -tinktur.
Gottesgnaden-kraut, -extrakt, -tinktur.
Gummigutti, dessen Lösungen und Zubereitungen.
Hanf, indischer, -extrakt, -tinktur.
Hydroxylamin, dessen Verbindungen und Zubereitungen.
Jalapen-harz, -knollen, -tinktur.
Kirschlorbeeröl.
Kodeïn, dessen Verbindungen und Zubereitungen.
Kokkelskörner.
Kotoin.
Krotonöl.
Morphin, dessen Verbindungen und Zubereitungen.
Narceïn, dessen Verbindungen und Zubereitungen.
Narkotin, dessen Verbindungen und Zubereitungen.
Nieswurz (Helleborus), grüne, -extrakt, -tinktur, -wurzel.
Nieswurz (Helleborus), schwarze, -extrakt, -tinktur, -wurzel.
Nitrobenzol (Mirbanöl).
Opium und dessen Zubereitungen, mit Ausnahme von Opium-pflaster und -wasser.
Oxalsäure (Kleesäure, sog. Zuckersäure).
Paraldehyd.
Pental.
Pilokarpin, dessen Verbindungen und Zubereitungen.
Sabadill-extrakt, -früchte, -tinktur.
Sadebaum-spitzen, -extrakt, -öl.
Sankt Ignatius-samen, -tinktur.
Santonin.
Scammonia-harz (Scammonium) -wurzel.
Schierling (Konium) -kraut, -extrakt, -früchte, -tinktur.

Senföl, ätherisches.
Spanische Fliegen und deren weingeistige und ätherische Zubereitungen.
Stechapfel-blätter, -extrakt, -samen, -tinktur, — ausgenommen zum Rauchen oder Räuchern.
Strophanthus-extrakt, -samen, -tinktur.
Strychninhaltiges Getreide.
Sulfonal und dessen Ableitungen.
Thallin, dessen Verbindungen und Zubereitungen.
Urethan.
Veratrum (weisse Nieswurz), -tinktur, -wurzel.
Wasserschierling-kraut, -extrakt.
Zeitlosen-extrakt, -knollen, -samen, -tinktur, -wein.

Abtheilung 3.

Antimonchlorür, fest oder in Lösung.
Baryumverbindungen ausser Schwerspath (schwefelsaurem Baryum).
Bittermandelwasser.
Bleiessig.
Bleizucker.
Brechwurzel (Ipecacuanha), -extrakt, -tinktur-, -wein.
Farben, welche Antimon, Baryum, Blei, Chrom, Gummigutti, Kadmium, Kupfer, Pikrinsäure, Zink oder Zinn enthalten, mit Ausnahme von Schwerspath (schwefelsaurem Baryum), Chromoxyd, Kupfer, Zink, Zinn und deren Legirungen als Metallfarben, Schwefelkadmium, Schwefelzink, Schwefelzinn (als Musivgold), Zinkoxyd, Zinnoxyd.
Goldsalze.
Jod und dessen Präparate, ausgenommen zuckerhaltiges Eisenjodür und Jodschwefel.
Jodoform.
Kadmium und dessen Verbindungen, auch mit Brom oder Jod.
Kalilauge, in 100 Gewichtstheilen mehr als 5 Gewichtstheile Kaliumhydroxyd enthaltend.
Kalium.
Kaliumbichromat (rothes chromsaures Kalium, sogenanntes Chromkali).
Kaliumbioxalat (Kleesalz).
Kaliumchlorat (chlorsaures Kalium).
Kaliumchromat (gelbes chromsaures Kalium).
Kaliumhydroxyd (Aetzkali).
Karbolsäure, auch rohe, sowie verflüssigte und verdünnte, in 100 Gewichtstheilen mehr als 3 Gewichtstheile Karbolsäure enthaltend.
Kirschlorbeerwasser.
Koffeïn, dessen Verbindungen und Zubereitungen.
Koloquinthen, -extrakt, -tinktur.
Kreosot.

Kresole.
Kupferverbindungen.
Lobelien, -kraut, -tinktur.
Meerzwiebel, -extrakt, -tinktur, -wein.
Mutterkorn, -extrakte (Ergotin).
Natrium.
Natriumbichromat.
Natriumhydroxyd (Aetznatron, Seifenstein).
Natronlauge (in 100 Gewichtstheilen mehr als 5 Gewichtstheile Natriumhydroxyd enthaltend).
Phenacetin.
Pikrinsäure und deren Verbindungen.
Quecksilberchlorür (Kalomel).
Salpetersäure (Scheidewasser), auch rauchende.
Salzsäure, auch verdünnte, in 100 Gewichtstheilen mehr als 15 Gewichtstheile wasserfreie Säure enthaltend.
Schwefelkohlenstoff.
Schwefelsäure, auch verdünnte, in 100 Gewichtstheilen mehr als 15 Gewichtstheile Schwefelsäuremonohydrat enthaltend.
Silbersalze, mit Ausnahme von Chlorsilber.
Stephans (Staphisagria) -körner.
Zinksalze, mit Ausnahme von Zinkkarbonat.
Zinnsalze.

Aufbewahrung der Gifte.

Anordnung der Vorräthe.

§ 2. Vorräthe von Giften müssen übersichtlich geordnet, von anderen Waaren getrennt und dürfen weder über noch unmittelbar neben Nahrungs- oder Genussmitteln aufbewahrt werden.

Sämmtliche vorräthig gehaltenen Gifte, also auch die im Laden untergebrachten Mengen, müssen übersichtlich geordnet aufbewahrt werden. Es dürfen also die einzelnen Standgefässe nicht beliebig neben- oder hintereinander aufgestellt werden. Dieselben sollen vielmehr nach einem bestimmten Princip, am besten alphabetisch, geordnet und wenn möglich entsprechend den einzelnen Abtheilungen der Anlage I auch in drei getrennten Abtheilungen aufbewahrt werden. Ferner empfiehlt es sich, innerhalb der Abtheilungen wiederum Zusammengehöriges übersichtlich nebeneinander zu stellen, z. B. Arsenpräparate, Quecksilberpräparate, Laugen, Säuren, giftige Farben etc.

Vorräthe von Giften sollen auch von anderen Waaren getrennt aufbewahrt werden. Abgesehen von den Giften der Abtheilung I, welche nach §§ 5 und 6 in einer besonderen Giftkammer und in einem Giftschranke aufzubewahren sind, genügt es, wenn die Gifte sich in besonderen, durch starke Scheidewände von den Nachbarfächern abgetrennten Repositorien oder Fächern befinden. Doch müssen sie zum mindesten bei einander stehen, sodass hierdurch eine gewisse „Giftabtheilung" in den Vorrathsräumen erzielt wird. Eines besonderen Schrankes bedarf es nicht, wünschenswerth erscheint derselbe aber im Interesse der eigenen Sicherheit des Geschäftsinhabers.

Weder unmittelbar neben, noch über Nahrungs- und Genussmitteln sollen die Gifte ihren Platz finden. Zum mindesten muss also ein Fach, ein Regal, oder irgendwelches andere Gefäss, in dem aber beliebige andere Waaren enthalten sein können, sich dazwischen befinden. Eine möglichste Abtrennung der Nahrungs- und Genussmittel von sämmtlichen anderen Vorräthen liegt übrigens im Interesse jedes erfahrenen Geschäftsmannes.

Beschaffenheit der Vorrathsgefässe.

§ 3. Vorräthe von Giften, mit Ausnahme der auf abgeschlossenen Giftböden verwahrten giftigen Pflanzen und Pflanzentheile (Wurzeln, Kräuter u. s. w.), müssen sich in dichten, festen Gefässen befinden, welche mit festen, gut schliessenden Deckeln und Stöpseln versehen sind.

In Schiebladen dürfen Farben, sowie die übrigen in den Abtheilungen 2 und 3 der Anlage I aufgeführten, festen an der Luft nicht zerfliessenden oder verdunstenden Stoffe aufbewahrt werden, sofern die Schiebladen mit Deckeln versehen, von festen Füllungen umgeben und so beschaffen sind, dass ein Verschütten und Verstäuben des Inhalts ausgeschlossen ist.

Ausserhalb der Vorrathsgefässe darf Gift, unbeschadet der Ausnahmebestimmung in Absatz I, sich nicht befinden.

Dichte, feste Gefässe sind solche aus Glas, Porcellan, Steingut, Holz, Celluloid und Blech. Auch die modernen sogen. Papierfässer dürften den Anforderungen des § 3 vollkommen genügen. Dagegen sind nicht zulässig Säcke, Papierbeutel, Kartons und leichte Pappschachteln sowie leichte Holzkisten. Starke, gut schliessende Holzkisten ohne Risse, die man am besten noch mit festem Papier ausklebt, sind, wenn sie einen gut schliessenden, also übergreifenden oder eingefalzten, Deckel haben, als Vorrathsgefässe zulässig.

Feste, gut schliessende Deckel und Stöpsel sind für die Giftgefässe vorgeschrieben. Einfaches Verbinden derselben mit Blase, Pergamentpapier oder gewöhnlichem Papier, sowie das vielfach übliche Bedecken von Büchsen und Glashafen mit Pappdeckeln ist nicht statthaft. Gute Korkstopfen sind, wenn sie durch das betreffende Gift nicht etwa angegriffen bezw. zerfressen werden (bei Laugen und Säuren z. B.) zulässig, ebenso Kautschuk- und Celluloidstopfen. Ferner können dieselben aus Glas, Porcellan, Holz und jedem anderen widerstandsfähigen Material sein.

Schiebladen sind hölzerne Kasten, die keine Fugen oder Risse zeigen dürfen und mit gut schliessenden Deckeln versehen sein müssen. Diese Deckel können sogen. Schiebedeckel sein. Sie dürfen nicht wie die übrigen Vorrathsgefässe einfach nebeneinander gestellt werden, sondern müssen oben und unten, links und rechts von festen Wänden umgeben sein, d. h. jeder Schiebekasten muss in einem besonderen Abtheil des Regals laufen.

Ausnahmen von den Vorschriften des § 3 sind zugelassen, wenn ein besonderer Giftboden für giftige Vegetabilien vorhanden ist. Diese sind dann nur übersichtlich geordnet, nicht aber in den vorgeschriebenen Gefässen aufzubewahren. Im übrigen darf keine Art von Gift frei herumliegen oder stehen.

Bezeichnung der Vorrathsgefässe.

§ 4. Die Vorrathsgefässe müssen mit der Aufschrift „Gift", sowie mit der Angabe des Inhalts unter Anwendung der in Anlage I enthaltenen Namen, ausser denen nur noch die Anbringung der ortsüblichen Namen in kleinerer Schrift gestattet ist, und zwar bei Giften der Abtheilung 1 in weisser Schrift auf schwarzem Grunde, bei Giften der Abtheilungen 2 und 3 in rother Schrift auf weissem Grunde deutlich und dauerhaft bezeichnet sein. Vorrathsgefässe für Mineralsäuren, Laugen, Brom und Jod dürfen mittelst Radir- und Aetzverfahrens hergestellte Aufschriften auf weissem Grunde haben.

Diese Bestimmung findet auf Vorrathsgefässe in solchen Räumen, welche lediglich dem Grosshandel dienen, nicht Anwendung, sofern in anderer Weise für eine Verwechselungen ausschliessende Kennzeichnung gesorgt ist. Werden jedoch aus derartigen Räumen auch die für eine Einzelverkaufsstätte des Geschäftsinhabers bestimmten Vorräthe entnommen, so müssen, abgesehen von der im Geschäfte sonst üblichen Kennzeichnung, die Gefässe nach Vorschrift des Absatzes 1 bezeichnet sein.

Sämmtliche Vorrathsgefässe (Büchsen, Flaschen, Schiebekästen, Fässer, Ballons, Kruken etc.) müssen deutlich die Aufschrift „Gift" tragen, ausserdem, und zwar darunter oder darüber, die Bezeichnung des Inhaltes unter Anwendung der in Anlage I enthaltenen Namen. Handelt es sich um Gifte, welche namentlich in Anlage I nicht aufgeführt sind, so empfiehlt es sich, die Zugehörigkeit derselben zu den einzelnen Gruppen (Arsenverbindungen, Baryumverbindungen, bleihaltige Farben etc.) deutlich zum Ausdruck zu bringen. Ausserdem darf das Schild den ortsüblichen Namen in kleinerer Schrift tragen, nothwendig ist dies jedoch nicht. Natürlich ist es gestattet, ausser den durch § 4 unbedingt vorgeschriebenen Bezeichnungen auch weitere Hinweise auf den Gefässen anzubringen, z. B. „chemisch rein" oder „zu technischen Zwecken" etc., doch sind solche Bemerkungen in kleiner Schrift anzubringen. Zum besseren Verständniss des soeben Gesagten seien einige Signaturen, wie sie in der Praxis wohl vorkommen, hier angeführt.

Gift! Schwefel- säure Vitriolöl, roh.	Gift! Antimon- chlorür Antimonbutter.	Gift! Mennige bleihaltig.	Gift! Schwein- furter Grün arsenhaltig.

Die Signaturen, welche für Gifte der Abtheilung 1 in weisser Schrift auf schwarzem Grunde, für Abtheilung 2 und 3 in rother Schrift auf weissem Grunde auszuführen sind, sollen **deutlich und dauerhaft** sein. Jede Art der Schrift, Druck, Schreibschrift, schablonierte Signaturen etc., ist zulässig, doch muss das Etiquett auch dauerhaft sein, gewöhnliche Papiersignaturen genügen demnach nur, wenn sie mit dauerhaftem Lack überzogen sind. Im übrigen können die Signaturen ebenso gut auf den Gefässen selbst angebracht sein (bei Flaschen, Kruken, Kästen etc.) oder auch nur fest angehängt (bei Ballons, Korbflaschen, Säureflaschen etc.).

Gefässe für Mineralsäuren, Laugen, Brom und Jod dürfen mit eingeätzter oder radirter Schrift auf weissem Grunde bezeichnet werden, sie können aber ebenso gut dauerhaft roth auf weiss signirt werden.

Ausnahmen: Vorrathsgefässe, welche lediglich dem Grosshandel dienen, brauchen nicht in oben gekennzeichneter Weise signirt zu werden, wenn sie nur deutlich und jede Verwechselung ausschliessend die Bezeichnung ihres Inhaltes tragen. Ist mit dem Grosshandel Kleinhandel verbunden, sodass die Vorrathsgefässe eventuell auch letzterem dienen, so sind dieselben nach den Bestimmungen des § 4 zu bezeichnen.

Giftkammer.

§ 5. Die in Abtheilung 1 der Anlage I genannten Gifte müssen in einem besonderen, von allen Seiten durch feste Wände umschlossenen Raume (Giftkammer) aufbewahrt werden, in welchem andere Waaren als Gifte sich nicht befinden. Dient als Giftkammer ein hölzerner Verschlag, so darf derselbe nur in einem vom Verkaufsraum getrennten Theile des Waarenlagers angebracht sein.

Die Giftkammer muss für die darin vorzunehmenden Arbeiten ausreichend durch Tageslicht erhellt und auf der Aussenseite der Thür mit der deutlichen und dauerhaften Aufschrift „Gift" versehen sein.

Die Giftkammer darf nur dem Geschäftsinhaber und dessen Beauftragten zugänglich und muss ausser der Zeit des Gebrauches verschlossen sein.

Nur die starken Gifte der Abtheilung 1 gehören in die Giftkammer, andere Waaren, auch andere Gifte, dürfen sich darin nicht befinden. Aber auch die vorgenannten Gifte dürfen in der Giftkammer nicht frei herumstehen. Sie sind vielmehr in dem weiter unten erwähnten Giftschrank unterzubringen.

Die Giftkammer muss nicht unbedingt ein besonderer Raum im Hause sein, sie kann auch durch einen von allen Seiten durch feste Wände umschlossenen hölzernen Verschlag gebildet werden (Lattenverschläge sind nicht zulässig), der in einem der Vorrathsräume (nicht im Verkaufsraum bezw. Laden) eingerichtet werden darf. Dabei ist zu bedenken, dass dieselbe ausreichend durch Tageslicht erhellt werden kann. Sie muss also, wenn sie kein Fenster hat, so eingerichtet sein, dass beim Oeffnen der Thür das volle Tageslicht Zutritt hat. Künstliche Beleuchtung ist nach dem Wortlaut des § 5 demnach nicht genügend, dürfte aber aus Billigkeitsgründen für die Morgen- und Abendstunden selbstverständlich zuzulassen sein. Die Aussenseite der Thür soll die Aufschrift „Gift" in deutlichen, dauerhaften Buchstaben (siehe § 4) tragen, gleichgültig in welcher Farbe.

Ferner soll dieselbe durch ein gutes Schloss sicher verschliessbar und jederzeit verschlossen sein. Der Schlüssel ist so aufzubewahren, dass er nur dem Geschäftsinhaber und dessen Beauftragten zugängig ist. Niederes Dienstpersonal, unerfahrene, junge Leute, Lehrlinge u. dergl. sollen ohne Aufsicht jedenfalls die Giftkammer nicht betreten.

Die Grösse der Giftkammer richtet sich natürlich ganz nach dem Umfang des Geschäftes. Sie muss Raum für den Giftschrank, einen Tisch (oder Klapptisch) und die nöthigen Giftgeräthe bieten.

Giftschrank.

§ 6. Innerhalb der Giftkammer müssen die Gifte der Abtheilung 1 in einem verschlossenen Behältnisse (Giftschrank) aufbewahrt werden.

Der Giftschrank muss auf der Aussenseite der Thür

mit der deutlichen und dauerhaften Aufschrift „Gift" versehen sein.

Bei dem Giftschranke muss sich ein Tisch oder eine Tischplatte zum Abwiegen der Gifte befinden.

Grössere Vorräthe von einzelnen Giften der Abtheilung 1 dürfen ausserhalb des Giftschrankes aufbewahrt werden, sofern sie sich in verschlossenen Gefässen befinden.

Gleichwie die Giftkammer muss auch der Giftschrank verschliessbar und stets verschlossen sein. Stillschweigend gilt auch hier die Anordnung, dass der Schlüssel nur dem Geschäftsinhaber oder seinem Beauftragten zugängig sein darf. Am besten vereinigt man ihn an einem Ring mit dem Giftkammerschlüssel. Ferner soll der Giftschrank deutlich und dauerhaft die Aufschrift „Gift" tragen. Nur Gifte der Abteilung 1 dürfen im Giftschrank (möglichst übersichtlich geordnet und vorschriftsmässig signirt!) Aufstellung finden. Ausnahmsweise ist es gestattet, grössere Vorräthe dieser Gifte, d. h. solche Mengen die in einem Schranke nicht gut Platz finden können, vorschriftsmässig signirt in gut verschlossenen Gefässen ausserhalb dieses Schrankes, aber innerhalb der Giftkammer, aufzustellen.

Ausser dem Giftschrank soll in der Giftkammer ein Tisch oder eine Tischplatte zum Abwägen der Gifte vorhanden sein. Das kann auch ein Klapptisch oder eine Ausziehplatte sein.

Werden Gifte der Abtheilung 1 nicht vorräthig gehalten, so ist weder Giftkammer noch Giftschrank nothwendig!

Aufbewahrung von Phosphor, Phosphorzubereitungen sowie Kalium und Natrium.

§ 7. Phosphor und mit solchem hergestellte Zubereitungen müssen ausserhalb des Giftschrankes, sei es innerhalb oder ausserhalb der Giftkammer, unter Verschluss an einem frostfreien Orte in einem feuerfesten Behältnisse, und zwar gelber (weisser) Phosphor unter Wasser, aufbewahrt werden. Ausgenommen sind Phosphorpillen; auf diese finden die Bestimmungen der §§ 5 und 6 Anwendung.

Kalium und Natrium sind unter Verschluss, wasser- und feuersicher und mit einem sauerstofffreien Körper (Paraffinöl Steinöl oder dergl.) umgeben, aufzubewahren.

Mit Rücksicht auf seine grosse Feuergefährlichkeit soll Phosphor, sowie mit diesem hergestellte Zubereitungen (Phosphorbrei, Phosphoröl, Phosphorsirup u. dergl.) nicht im Giftschrank, sondern unter besonderem Verschluss an einem frostfreien Orte in einem feuersicheren Behältnisse aufbewahrt werden. Dieses Behältniss darf in der Giftkammer Aufstellung finden, muss es aber nicht. Am besten eignet sich zur Aufbewahrung von Phosphor eine trockene, mit eiserner Thür verschlossene Mauernische. Ein verschliessbarer, fester Eisenblechkasten dürfte jedoch ebenfalls als feuersicher zu betrachten sein. Das Behältniss sowohl wie auch die Aufbewahrungsgefässe sind vorschriftsmässig zu signiren.

Gelber oder weisser Phosphor, sogenannter Stangenphosphor, ist unter Wasser aufzubewahren und dafür zu sorgen, dass das verdunstende Wasser rechtzeitig ersetzt wird.

Phosphorpillen sind nicht im Phosphorschrank oder -Kasten aufzubewahren. Dieselben gehören in den Giftschrank oder, wenn es sich um grössere Mengen handelt, in die Giftkammer.

Kalium und Natrium sind, ähnlich dem Phosphor, unter besonderem Verschluss, feuer- und wassersicher (aber weder in der Giftkammer noch im Giftschrank) aufzubewahren, und zwar in Gefässen, welche mit Steinöl, Petroleum oder Paraffinöl gefüllt sind. Diese Gefässe sind roth auf weiss zu signiren. Werden sie im Keller aufbewahrt, so sind sie vor dem Grundwasser zu behüten.

Besondere Geräthe für den Giftverkehr.

§ 8. Zum ausschliesslichen Gebrauch für die Gifte der Abtheilung 1 und zum ausschliesslichen Gebrauch für die Gifte der Abtheilung 2 und 3 sind besondere Geräthe (Waagen, Mörser, Löffel und dergleichen) zu verwenden, welche mit der deutlichen und dauerhaften Aufschrift „Gift" in den dem § 4 Absatz 1 entsprechenden Farben versehen sind. In jedem zur Aufbewahrung von giftigen Farben dienenden Behälter muss sich ein besonderer Löffel befinden. Die Geräthe dürfen zu anderen Zwecken nicht gebraucht werden und sind mit Ausnahme der Löffel für giftige Farben stets rein zu halten. Die Geräthe für die im Giftschranke befindlichen Gifte sind in diesem aufzubewahren. Auf Gewichte finden diese Vorschriften nicht Anwendung.

Der Verwendung besonderer Waagen bedarf es nicht, wenn grössere Mengen von Giften unmittelbar in den Vorraths- oder Abgabegefässen gewogen werden.

Zwei Sortimente Geräthe (Waagen, Mörser, Löffel, Spatel u. dergl.) sind also anzuschaffen:

I. Für den ausschliesslichen Gebrauch der Gifte der Abtheilung 1. Diese Geräthe sind weiss auf schwarz mit der Aufschrift „Gift" zu versehen und im Giftschranke aufzubewahren. Die Aufhängung und Aufstellung grösserer Mörser und Waagen ausserhalb des Giftschrankes innerhalb der Giftkammer dürfte nicht zu beanstanden sein.

II. **Für den ausschliesslichen Gebrauch der übrigen Gifte.** Diese Geräthe sind roth auf weiss mit der Aufschrift „Gift" zu versehen und zweckmässig von den übrigen Geräthschaften getrennt aufzubewahren.

Besonderer Gewichte für die Giftwaagen bedarf es nicht, ebenso kann jede andere Waage Anwendung finden, wenn Gift nur aus einem Standgefäss in das andere oder in ein festes Abgabegefäss (Topf, Kruke, Glas, Fass etc.) eingewogen werden soll.

Für giftige Farben ist in jedem einzelnen Behälter ein besonderer (am besten signirter) Löffel vorräthig zu halten. Derselbe kann aus Holz, Blech, Horn oder dergl. gearbeitet sein. Vorgeschrieben ist die Signirung dieser Löffel nicht.

§ 9. Hinsichtlich der Aufbewahrung von Giften in den Apotheken greifen nachfolgende Abweichungen von den Bestimmungen der §§ 4, 5 und 8 Platz:

(zu § 4.) Die Bestimmungen im § 4 gelten für Apotheken nur insoweit, als sie sich auf die Gefässe für Mineralsäuren, Laugen, Brom und Jod beziehen. Im übrigen bewendet es hinsichtlich der Bezeichnung der Gefässe bei den hierüber ergangenen besonderen Anordnungen.

(zu § 5.) Die Giftkammer darf, falls sie in einem Vorrathsraume eingerichtet wird, auch durch einen Lattenverschlag hergestellt werden. Kleinere Vorräthe von Giften der Abtheilung 1 dürfen in einem besonderen, verschlossenen und mit der deutlichen und dauerhaften Aufschrift „Gift" oder „Venena" oder „Tabula B" versehenen Behältnisse im Verkaufsraume oder in einem geeigneten Nebenraume aufbewahrt werden. Ist der Bedarf an Gift so gering, dass der gesammte Vorrath in dieser Weise verwahrt werden kann, so besteht eine Verpflichtung zur Einrichtung einer besonderen Giftkammer nicht.

(zu § 8.) Für die im vorstehenden Absatz bezeichneten kleineren Vorräthe von Giften der Abtheilung 1

Abgabe der Gifte.

sind besondere Geräthe zu verwenden und in dem für diese bestimmten Behältnisse zu verwahren. Für die in den Abtheilungen 2 und 3 bezeichneten Gifte, ausgenommen Morphin, dessen Verbindungen und Zubereitungen, sind besondere Geräthe nicht erforderlich.

Diese Bestimmungen haben nur für den Apothekenbetrieb Geltung.

Abgabe der Gifte.

Von wem darf Gift abgegeben werden?

§ 10. Gifte dürfen nur von dem Geschäftsinhaber oder den von ihm hiermit Beauftragten abgegeben werden.

Nur der Geschäftsinhaber, welcher die Erlaubniss zum Handel mit den betreffenden Giften besitzt, sowie ein Beauftragter desselben darf Gifte abgeben, d. h. aus den vorhandenen Vorräthen an andere Personen ausserhalb des Geschäftes überlassen. Beauftragte im Sinne des § 10 können nur fachkundige Geschäftsangestellte sein, nicht niederes Dienstpersonal oder Lehrlinge. Jedenfalls trägt der Geschäftsinhaber jedwede Verantwortung für etwa vorkommende Vergehen gegen die Bestimmungen der Vorschriften über die Abgabe von Giften.

Giftbuch.

§ 11. Ueber die Abgabe der Gifte der Abtheilungen 1 und 2 sind in einem mit fortlaufenden Seitenzahlen versehenen, gemäss Anlage II eingerichteten Giftbuche die daselbst vorgesehenen Eintragungen zu bewirken. Die Eintragungen müssen sogleich nach Verabfolgung der Waaren von dem Verabfolgenden selbst, und zwar immer in unmittelbarem Anschluss an die nächst vorhergehende Eintragung ausgeführt werden. Das Giftbuch ist zehn Jahre lang nach der letzten Eintragung aufzubewahren.

Die vorstehenden Bestimmungen finden nicht Anwendung auf die Abgabe der Gifte, welche von Grosshändlern an Wiederverkäufer, an technische Gewerbetreibende oder an staatliche Untersuchungs- oder Lehranstalten abgegeben werden, sofern über die Abgabe dergestalt Buch geführt wird, dass der Verbleib der Gifte nachgewiesen werden kann.

Vorschriften betreffend den Handel mit Giften.

Wer Gifte der Abtheilung 1 und 2 verkauft, hat ein nach Anlage II eingerichtetes **Giftbuch** mit **fortlaufenden Seitenzahlen** zu führen. Da dasselbe **zehn Jahre lang aufbewahren muss** und von Fall zu Fall dem Käufer zur eigenhändigen Unterschrift vorzulegen ist, empfiehlt es sich, dieses Buch mit dauerhaftem, starkem Einband versehen zu lassen. Die Eintragungen sind **sofort** nach Bereitstellung des Giftes zu bewirken, damit der Abholende nur noch seine Unterschrift zuzufügen hat. Es sind vom Verkäufer einzutragen: die laufende Nummer, die Behörde, welche den Erlaubnissschein ausgestellt hat, Name und Menge des verabfolgten Giftes, Verwendungsweise des Giftes, Name, Stand und Wohnort des Käufers und des Abholenden, Name des Expedienten.

Ausnahmen: Grosshändler sind zur Führung eines Giftbuches nicht gezwungen, wenn sie das Gift nur an Wiederverkäufer, technische Gewerbetreibende oder an staatliche Untersuchungs- oder Lehranstalten abgeben. Sie müssen aber durch ihre Bücher in anderer, zuverlässiger Weise im Stande sein, über den Verbleib der abgegebenen Gifte jederzeit Auskunft zu geben. N.B. § 11 nimmt nur die Abgabe an **staatliche Anstalten** aus. Wird Gift an städtische oder Gemeindeanstalten abgegeben, so ist die Führung eines Giftbuches auch für Grosshändler obligatorisch. Als **Grosshandel** im Sinne des § 11 ist dagegen **jeder** Handel mit Gift an die genannten staatlichen Institute zu betrachten.

Anlage II.
Giftbuch.

Seite . . .

Laufende Nr.	Bezeichnung des Erlaubnisscheins nach Behörde und Nummer	Tag der Abgabe	Des Giftes		Zweck, z. welchem das Gift vom Erwerber benutzt werden soll	Des Erwerbers		Des Abholenden		Name des Verabfolgenden	Eigenhändige Namensschrift des Empfängers.*)
			Name	Menge		Name und Stand	Wohnort (Wohnung)	Name und Stand	Wohnort (Wohnung)		

*) Dieser Spalte bedarf es nur dann, wenn gemäss § 13 Absatz 3 die Abgabe der Empfangsbestätigung im Giftbuch zugelassen ist.

An wen darf Gift abgegeben werden?.

Erlaubnissschein.

§ 12. Gift darf nur an solche Personen abgegeben werden, welche als zuverlässig bekannt sind und das Gift zu einem erlaubten gewerblichen, wirthschaftlichen, wissenschaftlichen oder künstlerischen Zweck benutzen wollen. Sofern der Abgebende von dem Vorhandensein dieser Voraussetzungen sichere Kenntniss nicht hat, darf er Gift nur gegen Erlaubnissschein abgeben.

Die Erlaubnissscheine werden von der Ortspolizeibehörde nach Prüfung der Sachlage gemäss Anlage III ausgestellt. Dieselben werden in der Regel nur für eine bestimmte Menge, ausnahmsweise auch für den Bezug einzelner Gifte während eines, ein Jahr nicht übersteigenden Zeitraumes gegeben. Der Erlaubnissschein verliert mit dem Ablaufe des vierzehnten Tages nach dem Ausstellungstage seine Gültigkeit, sofern auf demselben etwas Anderes nicht vermerkt ist.

An Kinder unter 14 Jahren dürfen Gifte nicht ausgehändigt werden.

Gift darf nur an Personen abgegeben werden, welche dem Verkäufer von früher her bekannt sind und deren Zuverlässigkeit auf Grund dieser Kenntniss angenommen werden kann (Entscheidung des Berliner Kammergerichts vom 1. November 1900). Ferner muss der Verkäufer vorher sich davon überzeugen, dass das Gift zu einem erlaubten Zwecke Anwendung finden soll.

Treffen die oben genannten Voraussetzungen nicht ein, so hat der Verkäufer vor Abgabe des Giftes die Beibringung eines durch die Ortspolizeibehörde ausgestellten Erlaubnissscheines zu fordern. (Anlage III siehe nächste Seite.) Es liegt im Interesse des Gifthändlers, lieber einmal einen Erlaubnissschein zu viel als zu wenig zu fordern und darauf zu achten, dass seit dem Tage der Ausstellung des Erlaubnissscheines eine Frist von 14 Tagen noch nicht verstrichen ist. Andernfalls (wenn auf demselben etwas Anderes nicht vermerkt ist!) verliert der Erlaubnissschein seine Gültigkeit.

An Kinder unter 14 Jahren dürfen Gifte unter keiner Bedingung abgegeben werden.

Vorschriften betreffend den Handel mit Giften.

Anlage III.

(Name der ausstellenden Behörde.)
No. ....

Erlaubnissschein
zum
Erwerb von Gift.

Der p. (Name, Stand) ....
zu (Wohnort und Wohnung) ....
die (Firma) ....wünscht (Menge)
...........................(Name des Gifts)..................................
zu erwerben, um damit ....(Zweck,
zu welchem das Gift benutzt werden soll) ....

Gegen dieses Vorhaben ist diesseits nach stattgefundener Prüfung nichts zu erinnern..................................
....

..................., den ....18....

(Bezeichnung der ausstellenden Behörde.)
(Namensunterschrift.)
(Siegel.)

Dieser Schein macht die Ausstellung einer Empfangsbescheinigung (Giftschein) gemäss § 13 nicht entbehrlich. Er verliert mit dem Ablaufe des 14. Tages nach dem Ausstellungstage seine Gültigkeit, sofern etwas Anderes oben nicht ausdrücklich vermerkt ist.

Unter welchen Bedingungen darf Gift abgegeben werden?

Giftscheine.

§ 13. Die in Abtheilung 1 und 2 verzeichneten Gifte dürfen nur gegen schriftliche Empfangsbescheinigung (Giftschein) des Erwerbers verabfolgt werden. Wird das Gift durch einen Beauftragten abgeholt, so hat der Abgebende (§ 10) auch von diesem sich den Empfang bescheinigen zu lassen.

Die Bescheinigungen sind nach dem in Anlage IV vorgeschriebenen Muster auszustellen, mit den entsprechenden Nummern des Giftbuches zu versehen und 10 Jahre lang aufzubewahren.

Die Landesregierungen können bestimmen, dass die Empfangsbestätigung desjenigen, welchem das Gift ausgehändigt wird, in einer Spalte des Giftbuches abgegeben werden darf.

Im Falle des § 11 Absatz 2 ist die Ausstellung eines Giftscheines nicht erforderlich.

Bei der Abgabe der in Abtheilung 1 und 2 aufgeführten Gifte ist die vorherige Ausstellung eines Giftscheines (Anlage IV) angeordnet, auch wenn der Käufer als zuverlässig bekannt ist. Der Giftschein muss die Unterschrift des Käufers und, wenn das Gift nicht von diesem selbst abgeholt wird, auch diejenige des Abholenden tragen, und zwar die eigenhändige Unterschrift. Geschäftsstempel, Facsimiles etc. sind nicht zulässig. Wie das Giftbuch, so sind auch die Giftscheine zehn Jahre lang aufzubewahren, am besten der Nummer nach geordnet und in Jahrgängen geheftet. Die Empfangsbescheinigung desjenigen, welcher das Gift abholt, darf auch in einer Spalte des Giftbuches abgegeben werden. Der Giftschein braucht also unter Umständen nur eine eigenhändige Unterschrift, nämlich die des Käufers, zu enthalten.

Ausnahmen: Grosshändler, welche an Wiederverkäufer, an technische Gewerbetreibende oder an staatliche Untersuchungs- oder Lehranstalten Gifte abgeben, dürfen diese ohne Giftschein ausliefern.

Anlage IV.

No............. (des Giftbuches).

Giftschein.

Von (Firma des abgebenden Geschäfts)........................... ....
.... zu (Ort) .... bekenne ich
hierdurch...................... Menge .... (Name des Gifts)
.... zum Zwecke de.................................
wohl verschlossen und bezeichnet erhalten zu haben.

Der aus einem unvorsichtigen Gebrauche des Giftes entstehenden Gefahren wohl bewusst, werde ich dafür Sorge tragen, dass dasselbe nicht in unbefugte Hände gelangt und nur zu dem vorgedachten Zwecke verwendet wird.

Das Gift soll durch...
abgeholt werden.

(Wohnort, Tag, Monat, Jahr und Wohnung.)

(Name und Vorname, Stand oder Beruf des Erwerbers.)
(Eigenhändig geschrieben.)

(Zusatz, falls das Gift durch einen Anderen abgeholt wird.)

Das oben bezeichnete Gift habe ich im Auftrage des
.... (Name des Erwerbers) in Empfang genommen und verspreche, dasselbe alsbald unversehrt an meinen Auftraggeber abzuliefern.

(Ort, Tag, Monat, Jahr.)

(Name und Vorname, Stand oder Beruf des Abholenden.)
(Eigenhändig geschrieben.)

Verpackung der Gifte.

§ 14. Gifte müssen in dichten, festen und gut verschlossenen Gefässen abgegeben werden; jedoch genügen für feste, an der Luft nicht zerfliessende oder verdunstende Gifte der Abtheilungen 2 und 3 dauerhafte Umhüllungen jeder Art, sofern durch dieselben ein Verschütten oder Verstäuben des Inhaltes ausgeschlossen wird.

Die Gefässe oder die an ihre Stelle tretenden Umhüllungen müssen mit der im § 4 Absatz 1 angegebenen Bezeichnung, sowie mit dem Namen des abgebenden Geschäfts versehen sein. Bei festen, an der Luft nicht zerfliessenden oder verdunstenden Giften der Abtheilung 3 darf an Stelle des Wortes „Gift" die Aufschrift „Vorsicht" verwendet werden.

Bei der Abgabe an Wiederverkäufer, technische Gewerbetreibende und staatliche Untersuchungs- oder Lehranstalten genügt indessen jede andere, Verwechselungen ausschliessende Bezeichnung.

Sämmtliche Gifte der Abtheilung 1 und solche Gifte der Abtheilung 2 und 3, welche an der Luft zerfliessen oder verdunsten, also auch sämmtliche flüssigen Gifte, müssen in dichten, festen und gut verschlossenen Gefässen abgegeben werden. Dazu gehören Flaschen, Kruken, Holzkästen, Fässchen, starke Kartons, Metalldosen u. dergl.

Gifte der Abtheilungen 2 und 3, welche luftbeständig und nicht flüssig sind, dürfen in jeder dauerhaften Umhüllung, welche ein Verschütten oder Verstäuben unmöglich macht, abgegeben werden. Zum mindesten ist demnach ein fester, gut gearbeiteter Papierbeutel nothwendig, während sogenannte Spitzbeutel nicht genügen dürften, ebenso wenig Holzspahnschachteln, undicht gefaltete Kartons u. dergl.

Die Abgabegefässe müssen die Bezeichnung Gift, sowie den Namen des Giftes nach der Nomenklatur der Anlage I und die Firma des Verkäufers tragen. Daneben kann auch der ortsübliche Name angebracht werden. Für die Signirung der Abgabegefässe sind besondere Farben (roth auf weiss, weiss auf schwarz, wie bei den Aufbewahrungsgefässen) nicht vorgeschrieben. Es genügt deutliche schwarze Schrift. Bei luftbeständigen, festen Giften der Abtheilung 3 darf das Wort Gift durch die Aufschrift „Vorsicht" ersetzt werden. Die Bezeichnung auch dieser Gifte als „Gift" ist demnach ebenso zulässig.

Ausnahmen: Es ist zwar immer zu empfehlen, jede mögliche Vorsichtsmassregel bei der Abgabe von Gift zu beobachten, es genügt jedoch (ist aber durchaus nicht streng anbefohlen), wenn die an Wiederverkäufer, technische Gewerbetreibende und staatliche Untersuchungs- oder Lehranstalten ausgelieferten Gifte deutlich so bezeichnet werden, **dass jede Verwechselung ausgeschlossen erscheint.**

§ 15. Es ist verboten, Gifte in Trink- oder Kochgefässen oder in solchen Flaschen oder Krügen abzugeben, deren Form oder Bezeichnung die Gefahr einer Verwechselung des Inhaltes mit Nahrungs- oder Genussmitteln herbeizuführen geeignet ist.

In Bierflaschen, Weinflaschen, Mineralwasserflaschen, Cognac- und Rumflaschen etc., Schnapsflaschen, Kochtöpfen, Tassen, Trinkgläsern jeder Art, sowie in Gefässen, welche die Bezeichnung eines anderen Inhaltes tragen, dürfen Gifte niemals abgegeben werden. Bei Medicinflaschen und anderen, hier nicht genannten Gefässen ist jede Bezeichnung des früheren Inhalts sorgfältig zu entfernen, ehe dieselben zur Aufnahme von Giften Verwendung finden.

§ 16. Auf die Abgabe von Giften als Heilmittel in den Apotheken finden die Vorschriften der §§ 11 bis 14 nicht Anwendung.

Besondere Vorschriften über Farben.

§ 17. Auf gebrauchsfertige Oel-, Harz- oder Lackfarben, soweit sie nicht Arsenfarben sind, finden die Vorschriften der §§ 2 bis 14 nicht Anwendung. Das Gleiche gilt für andere giftige Farben, welche in Form von Stiften, Pasten oder Steinen oder in geschlossenen Tuben zum unmittelbaren Gebrauch fertig gestellt sind, sofern auf jedem einzelnen Stück oder auf dessen Umhüllung entweder das Wort „Gift" bezw. „Vorsicht" und der Name der Farbe oder eine das darin enthaltene Gift erkennbar machende Bezeichnung deutlich angebracht ist.

Gebrauchsfertige Oel-, Harz- oder Lackfarben mit Ausnahme von arsenhaltigen Farben unterliegen den vorher erläuterten Bestimmungen der §§ 2 bis 14 über die Aufbewahrung und Abgabe der Gifte nicht, doch dürfen auch sie nach § 15 weder in Ess- und Kochgeschirren, noch in solchen Gefässen abgegeben werden, welche eine Verwechselung mit Nahrungs- und Genussmitteln möglich machen könnten. Im übrigen unterliegt ihre Aufbewahrung, Signirung und Abgabe keinerlei Beschränkung. **Dasselbe gilt für andere gebrauchsfertige giftige Farben, mit Ausnahme der arsenhaltigen Farben, welche nicht zu den Oel-, Harz- oder Lackfarben gehören, wenn sie in Form**

von Stiften, Pasten oder Steinen oder in geschlossenen Tuben in den Handel kommen, wenn ferner auf jedem einzelnen Stück oder dessen Umhüllung das Wort „Gift" deutlich angebracht ist (bei Giften der Abtheiluug 3 genügt auch die Bezeichnung „Vorsicht") und wenn ferner durch den Namen oder eine sonstige Bezeichnung der betreffenden Farbe deren Charakter als giftige Farbe deutlich erkennbar auf jedem Stück oder dessen Umhüllung angebracht ist.

Die Zugehörigkeit der einzelnen im Handel befindlichen Farben zu den verschiedenen Abtheilungen der Anlage I wird bei der Besprechung der giftigen Farben im zweiten Theile dieses Buches (Waarenkunde) besonders betont und erläutert werden.

Ungeziefermittel.

§ 18. Bei der Abgabe der unter Verwendung von Gift hergestellten Mittel gegen schädliche Thiere (sogenannte Ungeziefermittel) ist jeder Packung eine Belehrung über die mit einem unvorsichtigen Gebrauch verknüpften Gefahren beizufügen. Der Wortlaut der Belehrung kann von der zuständigen Behörde vorgeschrieben werden.

Arsenhaltiges Fliegenpapier feilzuhalten oder abzugeben, ist verboten.*) Andere arsenhaltige Ungeziefermittel dürfen nur mit einer in Wasser leicht löslichen grünen Farbe vermischt feilgehalten oder abgegeben werden; dieselben dürfen nur gegen Erlaubnissschein (§ 12) verabfolgt werden.

Strychninhaltige Ungeziefermittel dürfen nur in Form von vergiftetem Getreide, welches in tausend Gewichtstheilen höchstens fünf Gewichtstheile salpetersaures Strychnin enthält und dauerhaft roth gefärbt ist, feilgehalten oder abgegeben werden.

Vorstehende Beschränkungen können zeitweilig ausser Wirksamkeit gesetzt werden, wenn und soweit es sich darum handelt, unter polizeilicher Aufsicht ausserordentliche Maassnahmen zur Vertilgung von schädlichen Thieren, z. B. Feldmäusen, zu treffen.

Sämmtlichen Ungeziefermitteln ist bei deren Verkauf je eine Belehrung, am besten auf feuerrothem Papier gedruckt, beizugeben, deren Wortlaut von der zuständigen Behörde vorgeschrieben werden kann, aber nur von einigen vorgeschrieben ist (nämlich in Bayern, Hamburg, Lippe-Detmold, Württemberg und in Preussen für einzelne Städte und Regierungsbezirke). Der Wortlaut einer solchen Belehrung, wie ihn das Berliner Polizei-

---
*) Dieses Verbot ist während der Drucklegung aufgehoben! Siehe Seite 118.

präsidium festgestellt hat, wird bei der Besprechung der einzelnen Ungeziefermittel im II. Theil dieses Buches (Waarenkunde) mitgetheilt werden, ebenso Näheres über Aufbewahrung und Abgabe der gebräuchlichen Ungeziefermittel u. dergl.

Gewerbebetrieb der Kammerjäger.

§ 19. Personen, welche gewerbsmässig schädliche Thiere vertilgen (Kammerjäger), müssen ihre Vorräthe von Giften und gifthaltigen Ungeziefermitteln unter Beachtung der Vorschriften in den §§ 2, 3, 4, 7 und, soweit sie die Vorräthe nicht bei Ausübung ihres Gewerbes mit sich führen, in verschlossenen Räumen, welche nur ihnen und ihren Beauftragten zugänglich sind, aufbewahren. Sie dürfen die Gifte und die Mittel an Andere nicht überlassen.

Diese Bestimmungen berühren weder Gift- noch Farbwaarenhändler, sondern lediglich den eigenen Gewerbebetrieb der Kammerjäger.

§§ 20 und folgende der Vorschriften über den Verkehr mit Giften betreffen die nunmehr in sämmtlichen Bundesstaaten abgelaufene Uebergangszeit, Bestimmungen für die Apotheken, sowie Strafbestimmungen und verschiedene Verfügungen der Einzelstaaten, welche letztere im folgenden Kapitel besprochen werden sollen.

Bedingungen für die Zulassung zum Gifthandel.

Die im Vorstehenden näher erläuterten Vorschriften über den Handel mit Giften sind in sämmtlichen Bundesstaaten des Deutschen Reiches im Wesentlichen gleichlautend eingeführt.

Die zu diesem Zwecke erlassenen Einführungsbestimmungen der Einzelstaaten geben zum Theil gleichzeitig die Bedingungen an, von denen die Zulassung zum Gifthandel abhängt. Wir stellen dieselben im Folgenden zusammen:

In	Zum Betriebe des Gifthandels ist erforderlich
Anhalt	Genehmigung der Kreisbehörde und ein Physikatszeugniss.
Baden	Anmeldung bei der Ortspolizei.
Bayern	Für Gifte der Abth. 1 u. 2 Genehmigung; für Gifte der Abth. 3 nur Anmeldung bei der Ortspolizei.

Bedingungen für die Zulassung zum Gifthandel.

In	Zum Betriebe des Gifthandels ist erforderlich.
Braunschweig	Für Gifte der Abth. 1 u. 2 Genehmigung der Kreisdirektion; für Gifte der Abth. 3 Anmeldung bei der Ortspolizei.
Bremen	Genehmigung des Medicinalamtes.
Elsass-Lothringen	Anmeldung bei der Ortspolizei.
Hamburg	Genehmigung der Ortspolizei.
Hessen	— — —
Lippe-Detmold	Genehmigung der Ortspolizeibehörde (Verwaltungsamt bezw. Magistrat).
Lübeck	Genehmigung des Polizeiamtes. Die Genehmigung darf nur für den Handel mit Mengen von 100 g und darüber ertheilt werden.
Mecklenburg (Schwerin u. Strelitz)	Genehmigung der Gewerbekommission (für das Gebiet der Städte Rostock und Wismar der Magistrat).
Oldenburg	Genehmigung des Amtes, in Städten I. Klasse des Magistrats.
Preussen	Genehmigung des Kreisausschusses, in Städten über 10000 Einwohner des Magistrats.
Reuss ä. L.	Genehmigung des Landesausschusses.
Reuss j. L.	Genehmigung des Bezirksausschusses.
Sachsen (Königreich)	Für Gifte der Abth. 1 u. 2 der Genehmigung der Polizeibehörde (Amtshauptmannschaft, Stadtrath). Für den Handel mit Giften der Abth. 3 bedarf es nur der Anmeldung bei der Polizeibehörde.
Sachsen-Altenburg	Für Gifte der Abth. 1 u. 2 Genehmigung des Landraths oder Stadtraths; für Gifte der Abth. 3 Anmeldung bei der Ortspolizei.
Sachsen-Coburg-Gotha	Genehmigung des Staatsministeriums.
Sachsen-Meiningen	— — —
Sachsen-Weimar	Genehmigung, die auf bestimmte Gifte beschränkt werden kann.
Schaumburg-Lippe	Anmeldung bei der Ortspolizei.
Schwarzburg-Rudolstadt	Genehmigung des Landrathamtes.
Schwarzburg-Sondershausen	Anmeldung bei der Ortspolizei.
Waldeck	Anmeldung bei der Ortspolizei.
Württemberg	Anmeldung bei der Ortspolizei.

Waarenkunde.

Definition des Begriffes Gift.

Als Gift bezeichnet man ganz allgemein jede Substanz, welche im Stande ist, die Gesundheit oder das Leben eines Organismus zu zerstören.

Es kann dies ein menschlicher, thierischer oder pflanzlicher Organismus sein. Die giftige Eigenschaft eines Körpers ist aber abhängig von der Menge, in welcher derselbe zur Wirkung gelangt, und unter Umständen auch von dem Zustande, in dem sich die Substanz gerade befindet. Alkohol wirkt beispielsweise nur in grösseren Mengen giftig, und ebenso ist das Chlor, welches in gasförmigem Zustande die Athmungswerkzeuge in heftigster Weise angreift, ganz bedeutend weniger gefährlich, wenn es in flüssigem oder festem Zustande vorliegt. Man hat deshalb stillschweigend die Bezeichnung Gift auf solche Körper beschränkt, welche in **verhältnissmässig geringer Menge und ihrer gewöhnlich im Handel vorkommender Form** die vorher genannten Giftwirkungen äussern.

Eintheilung der Gifte.

Die für den menschlichen Organismus schädlichen Gifte (andere Gifte kommen hier nicht in Betracht) kann man in verschiedener Weise eintheilen.

I. **Ihrer Wirkung nach** unterscheidet man Herzgifte, Krampfgifte, betäubende Gifte, ätzende Gifte und andere mehr. Die Eintheilung nach diesen Gesichtspunkten ist eine sehr weitgehende und nur auf Grund medicinischer Kenntnisse durchführbar.

II. Leichter und schärfer lassen sich die Gifte eintheilen **nach ihrer Zusammensetzung oder Abstammung.**

Diese Art der Klassificirung ist die gebräuchlichste. Sie führt uns z. B. zu folgenden Gruppen: Arsengifte, das sind solche, welche Arsenik in Substanz oder in chemischer Verbindung enthalten; Cyangifte, welche Cyankalium oder eine andere giftige Cyanverbindung enthalten; Kupfergifte, Quecksilbergifte, Blei-, Zink-, Zinn- und andere Metallgifte, ätzende Laugen, ätzende Säuren, stark wirkende Arzneimittel von bestimmter chemischer Abstammung, stark wirkende oder giftige Drogen, giftige Pflanzenbasen und dergl. Diese Eintheilung finden wir insofern in der Gruppirung der Gifte nach Anlage I (Seite 1) wieder, als in derselben beispielsweise ganz allgemein gesagt wird: Arsen, dessen Verbindungen und Zubereitungen, Quecksilberpräparate, Baryumverbindungen, Kupferverbindungen, Zinksalze, Zinnsalze etc. Hier führt also das Gesetz nicht die einzelnen Gifte namentlich auf, sondern sagt, dass sämmtliche diesen Gruppen angehörenden Stoffe (mit wenigen Ausnahmen) als Gifte zu bezeichnen sind.

Die zuletzt erwähnten **Pflanzenbasen** nehmen unter den Giften der Abtheilung 1 und 2 einen breiten Raum ein. Es sind das mehr oder weniger stark wirkende Substanzen von meist komplicirter chemischer Zusammensetzung, welche durch den Lebensprocess der betreffenden Pflanzen gebildet und aus diesen in chemischen Fabriken dargestellt werden. Hierher gehören das Atropin der Tollkirsche, das Digitalin des Fingerhuts, das Hyoscin des Bilsenkrauts und viele andere. Bei der Besprechung der einzelnen Gifte werden auch diese Pflanzenbasen näher charakterisirt werden. Die meisten derselben bieten nur medicinisches Interesse.

III. Die einfachste Art der Eintheilung der Gifte ist diejenige **nach der Stärke der Giftwirkung**. Diese Eintheilung liegt dem durch Anlage I veranschaulichten officiellen Verzeichniss der Gifte zu Grunde. Wir finden in Abtheilung 1 dieses Verzeichnisses die sehr stark, d. h. in sehr kleiner Menge tödtlich wirkenden Gifte. Abtheilung 2 enthält zum grössten Theil stark bezw. giftig wirkende Arzneimittel, die mit besonderer Vorsicht aufbewahrt und abgegeben werden müssen. Abtheilung 3 dagegen enthält eine Anzahl technisch und medicinisch angewendeter Substanzen, welche bei unvorsichtiger Handhabung wohl giftig oder ätzend wirken können, aber doch nur in besonders unglücklichen Fällen zu tödtlichen Vergiftungen führen. Entsprechend diesen Abstufungen gestalten sich auch die im ersten Theil dieses Buches näher erläuterten Vorschriften über die Aufbewahrung und Abgabe der einzelnen Gifte.

Wir treten nunmehr in die Besprechung der einzelnen Gifte ein und nehmen dabei besonders Bezug auf diejenigen giftigen Substanzen, welche im täglichen Leben, in den Gewerben und der Technik besondere Wichtigkeit beanspruchen dürfen. Dabei halten wir folgende, dem Texte des Giftgesetzes entsprechende Eintheilung inne:

I. Gifte der Abtheilung 1
II. „ „ „ 2
III. „ „ „ 3
IV. Giftige Farben
V. Ungeziefermittel.

Die Anführung wirksamer Gegengifte soll nur dem Nothfall genügen. Bei jedem Vergiftungsfalle ist zunächst zum Arzt zu schicken. Die Anwendung der Gegengifte kann die ärztliche Hilfe unterstützen, aber niemals entbehrlich machen.

Sehr stark wirkende Gifte der Abtheilung 1.

Akonitin, eine Pflanzenbase aus dem in Europa einheimischen Eisenhut oder Sturmhut (Aconitum Napellus). Dasselbe wird in chemischen Fabriken hergestellt und bildet weisse oder gelblich-weisse Krystalle. Akonitin und sämmtliche Akonitinverbindungen oder Zubereitungen finden nur medicinische oder wissenschafliche Anwendung.

Aufbewahrung: Im Giftschranke. **Abgabe:** Nach Eintragung in das Giftbuch gegen Giftschein, event. Erlaubnissschein, deutlich signirt mit der Bezeichnung Gift. **Gegengifte:** Brechmittel, Wein, Cognak, Tannin, Jodkalium; letzteres nur auf Verordnung des Arztes.

Arsen; dessen Verbindungen und Zubereitungen.
In reinem Zustande wird das Arsen, welches ein Element im

chemischen Sinne darstellt, weder in den Gewerben noch in der Technik gebraucht. Es ist ein äusserst giftiger Körper und findet vornehmlich als sogenannter

Fliegenstein (Rohes Arsen, Kobalt, Näpfchenkobalt, Scherbenkobalt, schwarzer Arsenik) Anwendung. In diesem rohen Zustande bildet das Arsen stahlgraue, metallisch glänzende oder auch mattgraue krystallinische Stücke, welche beim Erhitzen an der Luft äusserst giftige, stark nach Knoblauch riechende Dämpfe entwickeln. Es wird hüttenmännisch gewonnen und findet in der Fabrikation von Bleischrot sowie zur Darstellung von verschiedenen Arsenpräparaten Anwendung. Früher wurden kleine Mengen des rohen Arsens mit Wasser übergossen und das so gewonnene arsenhaltige Wasser als Fliegengift benutzt, daher der Name Fliegenstein.

Aufbewahrung: Im Giftschranke. **Abgabe:** Nach Eintragung in das Giftbuch gegen Giftschein event. Erlaubnissschein, deutlich signirt mit der Aufschrift Gift. **Gegengifte:** Brechmittel, und wenn solche nicht zu beschaffen sind, Kitzeln im Schlund bis Brechen erfolgt; Kalkwasser in Verbindung mit Milch und Eiweiss, Kalkwasser mit Magnesia; das in jeder Apotheke vorräthige „Arsengegengift".

Arsenik (weisser Arsenik, arsenige Säure, Hüttenmehl, Giftmehl, Acidum arsenicosum). Arsenik ist eine Verbindung von metallischem Arsen mit dem Sauerstoff der Luft und wird hüttenmännisch gewonnen. Es kommt sowohl in chemisch reinem als auch in rohem Zustand in den Handel und bildet entweder glasartige oder porcellanartige, weisse, harte und spröde Stücke von muscheligem Bruch oder ein mehr oder weniger weisses, grobes oder feines Pulver. An der Luft verbrannt bildet es giftige Dämpfe von knoblauchartigem Geruch. Es löst sich verhältnissmässig schwer in Wasser.

In reinem Zustande wird Arsenik zu wissenschaftlichen Zwecken verschiedener Art sowie zu Arzneizwecken angewendet. In der Technik findet er Anwendung zur Fabrikation von Schweinfurter Grün, in der Glasindustrie (zur Färbung von Glasflüssen), in der Hutmacherei zum Schwarzfärben der Hüte, sowie als giftiges Konservirungsmittel zum Ausstopfen von Vögeln und anderen Thieren. Auch als Beizmittel in der Kattundruckerei (als Mordant) und zum Graubeizen von Messing werden Lösungen von Arsenik vielfach verwendet. Ueber arsenhaltige Ungeziefermittel siehe Seite 118.

Aufbewahrung: Im Giftschrank. **Abgabe:** Nach Eintragung in das Giftbuch gegen Giftschein bezw. Erlaubnissschein, deutlich signirt mit der Aufschrift Gift. Als Ungeziefermittel nur grün gefärbt! **Gegengifte:** Wie bei Arsen (siehe oben).

Gelbes Schwefelarsen (Auripigment, gelbes Arsenglas, Operment, Rauschgelb, gelbes Schwefelarsen Arsenium sulfuratum flavum) ist eine Verbindung von Arsen mit Schwefel, welche sowohl in der Natur fertig gebildet vorkommt als auch künstlich dargesellt wird. Es bildet entweder gelbe oder orangegelbe glänzende Stücke mit muscheligem Bruch oder ein mattes gelbes Pulver. In reinem Zustande findet es (selten) medicinische Anwendung. In der Hauptsache wird das Auripigment als gelbe Malerfarbe verwendet, die um so heller erscheint, je mehr das Präparat arsenige Säure (siehe weiter oben) als Verunreinigung enthält. Wegen der Giftigkeit dieser Farbe wird sie neuerdings mehr und mehr durch das mindestens ebenso schöne Chromgelb ersetzt.

Aufbewahrung: Im Giftschrank. **Abgabe:** Nach Eintragung in das Giftbuch gegen Giftschein bezw. Erlaubnissschein, deutlich signirt mit der Aufschrift Gift. **Gegengifte:** Wie bei Arsen.

Rothes Schwefelarsen (Arsenrubin, Realgar, rothes Arsenglas, rothes Operment, Arsenium sulfuratum rubrum), eine Verbindung von Arsen mit Schwefel, welche sowohl in der Natur fertig gebildet vorkommt als auch künstlich dargestellt wird. Das natürlich vorkommende rothe Schwefelarsen stellt rubinrothe, durchsichtige Krystalle dar, das künstlich erhaltene dunkelrothe, nur an den Kanten durchscheinende glasige Massen. Es wird als Malerfarbe sowie in der Feuerwerkerei zur Darstellung von Weissfeuer angewendet. In grossen Mengen findet es in der Indigofärberei Anwendung (zur Reduktion des Indigo) sowie in der Weissgerberei zum Enthaaren der Felle (als sogen. „Salbe" der Gerber).

Aufbewahrung: Im Giftschrank. **Abgabe:** Nach Eintragung in das Giftbuch gegen Giftschein bezw. Erlaubnissschein, deutlich signirt mit der Aufschrift Gift. **Gegengifte:** Wie bei Arsen.

Sehr stark wirkende Gifte der Abtheilung 1.

Schweinfurter Grün und andere grüne Arsenfarben bestehen im wesentlichen aus einer Verbindung des Kupfers mit arseniger Säure. Das echte Schweinfurter Grün enthält neben diesem arsenigsauren Kupfer noch essigsaures Kupfer und wird fabrikmässig aus Grünspan und Arsenik dargestellt. Andere grüne Arsenfarben enthalten neben arsenigsaurem Kupfer noch Kalk oder Gips etc.; auch weisse Farben oder Chromgelb werden ihnen zugesetzt, um verschiedene Nüancen zu erzielen. Trotz der hohen Giftigkeit dieser Präparate sind sie wegen der damit erzielten schönen und lebhaften Farben sehr beliebt. Ihre Anwendung ist aber v e r b o t e n zur Färbung von Nahrungs- und Genussmitteln sowie von Gebrauchsgegenständen (Tapeten, Spielzeug, Zeugdruck, Möbel etc.). Dagegen finden sie in der Kunstmalerei, zu Hausanstrichen und besonders zu Schiffsanstrichen vielfache Anwendung, da sie das Holz wegen ihrer Giftigkeit vor Wurmfrass und dergl. schützen.

Zur Erkennung arsenhaltiger Farben reibt man eine kleine Menge derselben auf weisses Filtrirpapier und zündet dasselbe an. Waren Arsenfarben zugegen, so macht sich sehr bald der charakteristische Knoblauchgeruch des Arsens geltend.

Andere Arsenfarben verschiedener Art werden unter dem Kapitel Farben ihrer Art und Zusammensetzung nach entsprechend Erwähnung finden.

Arsensäure (Arseniksäure, Acidum arsenicicum) ist, wie die Arsenige Säure (weisser Arsenik) eine Verbindung von Arsen mit Sauerstoff. Sie wird fabrikmässig dargestellt und bildet durchsichtige farblose Krystalle oder ein weisses grobes Pulver. In der Technik findet sie als Ersatz von Weinsäure beim Zeugdruck sowie bei der Darstellung des Anilinroths Anwendung.

Aufbewahrung: Im Giftschrank. **Abgabe:** Nach Eintragung in das Giftbuch gegen Giftschein bezw. Erlaubnissschein, deutlich signirt mit der Bezeichnung Gift. **Gegengifte:** Wie bei Arsen.

Arsensaure Salze sind Verbindungen der Arsensäure mit Metallen etc. und werden ebenfalls in der Technik hin und wieder angewendet. Arsensaures Kali (Kaliumarseniat,

Kali arsenicicum) findet in der Färberei zur Befestigung der Beizen Anwendung.

Aufbewahrung: Im Giftschrank. **Abgabe:** Nach Eintragung in's Giftbuch gegen Giftschein bezw. Erlaubnissschein, deutlich signirt mit der Bezeichnung Gift. **Gegengifte:** Wie bei Arsen.

Arsenigsaure Salze sind Verbindungen der arsenigen Säure (des weissen giftigen Arseniks) mit Metallen etc. Sie finden als Arzneimittel, sowie zu wissenschaftlichen und gewerblichen Zwecken verschiedentlich Anwendung. Die bekannteste derartige Verbindung ist das arsenigsaure Kali, welches in Form seiner wässerigen Lösung zu Arzneizwecken als Liquor Kalii arsenicosi Anwendung findet.

Aufbewahrung: Im Giftschrank, **Abgabe:** Nach Eintragung in's Giftbuch gegen Giftschein bezw. Erlaubnissschein, deutlich signirt mit der Bezeichnung Gift. **Gegengifte:** Wie bei Arsen.

Arsenikseife, zum Ausstopfen der Thiere, ist eine Mischung des oben genannten arsenigsauren Kalis mit Seife, Kalk und Kampfer, mit welcher man Vogelbälge und andere Thierbälge einreibt, um dieselben vor der Zerstörung durch Insekten etc. zu schützen.

Aufbewahrung: Im Giftschrank. **Abgabe:** Nach Eintragung in's Giftbuch gegen Giftschein bezw. Erlaubnissschein, deutlich signirt mit der Bezeichnung Gift.

Atropin, eine Pflanzenbase aus der in Deutschland einheimischen und wild wachsenden Tollkirsche (Atropa Belladonna). Dasselbe wird in chemischen Fabriken dargestellt und findet fast nur arzneiliche Verwendung. Es bildet weisse, in Wasser von gewöhnlicher Temperatur fast unlösliche Krystallnadeln von widerlich bitterem Geschmack.

Aufbewahrung: Im Giftschrank. **Abgabe:** Nach Eintragung in's Giftbuch gegen Giftschein bezw. Erlaubnissschein, deutlich signirt mit der Bezeichnung Gift. **Gegengifte:** Brechmittel, kalte Umschläge auf den Kopf, Chloralhydrat (letzteres nur auf ärztliche Verordnung).

Brucin, eine Pflanzenbase, die sich neben dem Strychnin in den Krähenaugensamen oder Brechnüssen (Semen Strychni von Strychnos nux vomica, einer ostindischen Arzneidroge), findet und in chemischen Fabriken dargestellt wird. Es findet fast nur arzneiliche Verwendung und bildet äusserst bittere, in kaltem Wasser schwer lösliche, weisse Krystalle.

Aufbewahrung: Im Giftschrank. **Abgabe:** Nach Eintragung in's Giftbuch gegen Giftschein bezw. Erlaubnissschein, deutlich signirt mit der Bezeichnung Gift. **Gegengifte:** Brechmittel, Tannin (Gerbsäure) und Chloralhydrat, letzteres nur auf ärztliche Verordnung.

Curare (Pfeilgift, Ticunas-Gift), ein Pfeilgift der Indianer im nördlichen und östlichen Theile Südamerikas. Dasselbe wird aus verschiedenen Strychnospflanzen (die auch Brucin und Strychnin liefern) in noch nicht näher bekannter Weise gewonnen und bildet braune, meist harte extraktartige Massen von sehr grosser Giftigkeit. Curare wird nur selten zu Arzneizwecken, hin und wieder zu wissenschaftlichen Zwecken angewendet.

Aufbewahrung: Im Giftschrank. **Abgabe:** Nach Eintragung in's Giftbuch gegen Giftschein bezw. Erlaubnissschein, deutlich signirt mit der Bezeichnung Gift. **Gegengifte:** Coffein.

Cyanwasserstoffsäure (Blausäure, Acidum hydrocyanicum) ist ein äusserst giftiges Gas von bittermandelartigem Geruch, welches nur in schwacher wässriger Lösung in der Medicin für Menschen und Thiere Anwendung findet, meist zur Vergiftung kranker Thiere, wozu sich aber das weiter unten beschriebene Cyankalium besser eignet. Auch in schwacher wässriger Lösung ist die Blausäure ein sehr stark und schnell wirkendes Gift, welches nicht nur nach dem Einnehmen im Magen seine Giftwirkung entfaltet, sondern auch schon nach dem Einathmen der reichlich entwickelten Dämpfe. Blausäure wird nur in Apotheken oder chemischen Fabriken dargestellt und ist in jeder Beziehung mit äusserster Vorsicht zu behandeln.

Aufbewahrung: In sehr gut verschlossenen, mit Pergamentpapier, Blase oder Leder überbundenen, dunklen Flaschen im Giftschrank. **Abgabe:** Nach Eintragung ins Giftbuch gegen Giftschein bezw. Erlaubnissschein in wie vorstehend erwähnt gut verschlossenen Flaschen, die man am besten noch in einen festen Karton oder ein anderes Kästchen verpackt, gut verschnürt und versiegelt. Deutliche Signatur mit der Bezeichnung Gift. **Gegengifte** kommen bei Blausäurevergiftungen meist zu spät. Empfohlen werden Brechmittel, starker Kaffee, Senfteig oder Senfpflaster, Opium, Morphium etc., letztere beiden nur auf ärztliche Verordnung anzuwenden.

Cyankalium (blausaures Kali, Kaliumcyanid, cyanwasserstoffsaures Kali, Kalium cyanatum) ist eine Verbindung von Blausäure mit Aetzkali, welche in chemischen Fabriken dargestellt wird. Es bildet weisse, an der Luft leicht feucht werdende Stücke, Platten oder Stangen, die sich in Wasser sehr leicht lösen. In trockenem Zustande ist es geruchlos, riecht aber sehr bald nach Blausäure (d. h. nach bitteren Mandeln), wenn es feucht geworden ist. Cyankalium ist ein äusserst heftig und schnell wirkendes Gift, welches in der Technik in grossen Mengen Anwendung findet, z. B. zur Herstellung von Gold- und Silberbädern für die galvanische Vergoldung und Versilberung, zum Vernickeln, in der Photographie, in der Feinmechanik, der Goldschmiedekunst, in der chemischen Industrie und selten auch zu medicinischen Zwecken. Im Kleinhandel wird das Cyankalium auch vielfach zum Vergiften alter oder kranker Thiere, zum Tödten von Schmetterlingen und Insekten und zu ähnlichen Zwecken verlangt. Beim Umfüllen, Abwägen und Hantiren mit Cyankalium ist die grösste Vorsicht geboten! Man fasse dasselbe möglichst nicht mit den Fingern an und sorge ängstlich dafür, dass weder auf der Wage, dem Tisch oder sonst irgendwo ein, wenn auch noch so kleines Stückchen unbemerkt liegen bleibt.

Aufbewahrung: Im Giftschrank in sehr gut verschlossenen, überbundenen Gläsern oder Kruken. **Abgabe:** Nach Eintragung in's Giftbuch gegen Giftschein, bezw. Erlaubnissschein, in gut verschlossenen Gläsern oder Büchsen, deutlich signirt mit der Bezeichnung Gift. **Gegengifte:** Brechmittel, Wasserstoffsuperoxyd, Alcoholica und vor allem ärztliche Hilfe.

Andere giftige cyanwasserstoffsaure Salze, welche für den Kleinhandel ausserhalb der Apotheken in Frage kommen, giebt es nur wenige. Alle sind als starke Gifte zu bezeichnen und unter denselben Vorsichtsmassregeln aufzubewahren und abzugeben wie das Cyankalium, z. B. Cyanzink (Zincum cyanatum), ein weisses, fast geruch- und geschmackloses Pulver; Cyanammonium (Ammonium cyanatum), weisse, zerfliessliche Krystalle; Cyanquecksilber (Hydrargyrum cyanatum), weisse, säulenförmige, sehr bitter schmeckende Krystalle; Kaliumplatincyanür, bläuliche Krystalle, welche in der Röntgenphotographie und zu optischen Zwecken Anwendung finden.

Rhodanammonium (Schwefelcyanammonium

Ammonium rhodanatum, Ammonium sulfocyanatum) ist eine Verbindung von Schwefel, Cyanwasserstoffsäure und Ammoniak, die in chemischen Fabriken dargestellt wird. Es bildet wasserhelle, an der Luft sehr leicht zerfliessliche Krystalle und findet vornehmlich zu wissenschaftlichen Zwecken Anwendung, bei der geringsten Berührung mit eisernen Geräthen etc. färbt es sich sofort roth!

Aufbewahrung: Im Giftschrank in sehr gut schliessenden, überbundenen Glasgefässen oder Kruken, nie in eisernen bezw. Eisenblechgefässen, in denen es sich roth färbt. **Abgabe:** Nach Eintragung in's Giftbuch gegen Giftschein bezw. Erlaubnissschein, deutlich signirt mit der Bezeichnung Gift, in trockenen, sehr gut verschlossenen Glas-, Porcellan- oder Steingutgefässen. **Gegengifte:** Wie bei Cyankalium.

Rhodankalium (Schwefelcyankalium, Kalium rhodanatum, Kalium sulfocyanatum) ist eine Verbindung von Schwefel, Cyanwasserstoffsäure und Kalilauge, die in chemischen Fabriken dargestellt wird. Es bildet wie das Rhodanammonium an der Luft sehr leicht zerfliessliche, wasserhelle Krystalle und wird vornehmlich zu wissenschaftlichen Zwecken, sowie zur Darstellung von Rhodanquecksilber (siehe weiter unten) gebraucht, bei der geringsten Berührung mit eisernen Geräthen etc. färbt es sich sofort roth!

Aufbewahrung: Im Giftschrank in sehr gut verschlossenen, überbundenen Glas- oder Steingutgefässen, niemals in Eisenblechgefässen, in denen es sich roth färbt. **Abgabe.** Nach Eintragung in's Giftbuch gegen Giftschein bezw. Erlaubnissschein, deutlich signirt mit der Bezeichnung Gift in besonders gut verschlossenen Glas- oder Steingutgefässen. **Gegengifte.** Wie bei Cyankalium.

Rhodannatrium ist ein dem Rhodankalium sehr ähnliches Salz und nach jeder Richtung hin wie dieses zu behandeln.

Rhodanquecksilber (Hydrargyrum rhodanatum), eine Verbindung aus Schwefel, Cyanwasserstoffsäure und Quecksilber, die in chemischen Fabriken dargestellt wird, ist eine weisse, pulverförmige Masse, welche beim Verbrennen sehr giftige Quecksilberdämpfe entwickelt und eine ausserordentlich voluminöse Masse zurücklässt. Aus diesem Grunde wurde das Rhodanquecksilber früher vielfach zu einem recht gefährlichen Spielzeug, den sogenannten Pharaoschlangen, verarbeitet.

Aufbewahrung: Im Giftschrank. **Abgabe:** Nach Eintragung in's Giftbuch gegen Giftschein bezw. Erlaubnissschein, deutlich signirt mit der Bezeichnung Gift. Die Darstellung von Pharaoschlangen dürfte als ein erlaubter Zweck im Sinne des § 12 des Giftgesetzes nicht zu betrachten sein! **Gegengifte:** Wie bei Cyankalium.

NB. Ferro- und Ferricyankalium (gelbes und rothes Blutlaugensalz) gehören nicht zu den Salzen der Cyanwasserstoffsäure, sind nicht giftig und demzufolge den Bestimmungen des Giftgesetzes nicht unterworfen.

Daturin, eine giftige Pflanzenbase aus den Blättern des in Deutschland einheimischen Stechapfels (Datura Stramonium), welche in chemischen Fabriken gewonnen wird. Es bildet ein weisses, krystallinisches Pulver und wird nur zu wissenschaftlichen, selten zu Arzneizwecken gebraucht.

Aufbewahrung: Im Giftschrank. **Abgabe:** Nach Eintragung in's Giftbuch gegen Giftschein bezw. Erlaubnissschein, deutlich signirt mit der Bezeichnung Gift. **Gegengifte:** Brechmittel, Tannin (Gerbsäure).

Digitalin und Digitoxin, zwei giftige Pflanzenbasen aus den Blättern des in Deutschland einheimischen Fingerhuts (Digitalis purpurea), welche in chemischen Fabriken gewonnen werden. Beide kommen krystallinisch und in Form weisser, pulveriger Massen in den Handel und finden nur zu medicinischen oder wissenschaftlichen Zwecken Anwendung.

Aufbewahrung: Im Giftschrank. **Abgabe:** Nach Eintragung in's Giftbuch gegen Giftschein bezw. Erlaubnissschein, deutlich signirt mit der Bezeichnung Gift. **Gegengifte:** Brechmittel, Wein, Cognac, Senfpflaster.

Emetin, eine Pflanzenbase aus der sogenannten Brechwurzel, einer lediglich zu Arzneizwecken verwendeten amerikanischen Droge (Radix Ipecacuanhae). Es bildet ein weisses oder gelbliches Pulver oder feine Krystallnadeln und wird in chemischen Fabriken dargestellt.

Aufbewahrung: Im Giftschrank. **Abgabe:** Nach Eintragung in's Giftbuch gegen Giftschein bezw. Erlaubnissschein, deutlich signirt mit der Bezeichnung Gift. **Gegengifte:** Das Emetin wirkt als solches heftig brechenerregend, bleibt demzufolge kaum jemals im Organismus. Jedenfalls ist ärztliche Hilfe trotzdem sofort herbeizuholen.

Sehr stark wirkende Gifte der Abtheilung 1.

Erythrophloeïn, eine Pflanzenbase aus der sogenannten Sassirinde, einer Droge aus Sierra Leone (Cortex Erythrophloei), welche nur zu Arzneizwecken Verwendung findet. Es wird in chemischen Fabriken dargestellt und bildet einen dicken, hellen Sirup. Das salzsaure Erythrophleïn (Erythrophloeinum hydrochloricum) bildet ein hellgelbes Pulver.

Aufbewahrung: Im Giftschrank. **Abgabe:** Nach Eintragung in's Giftbuch gegen Giftschein bezw. Erlaubnissschein, deutlich signirt mit der Bezeichnung Gift.

Fluorwasserstoffsäure (Flusssäure, Acidum hydrofluoricum), ist in reinem Zustande ein Gas und kommt nur in Form der wässerigen Lösung dieses Gases in den Handel. Dieselbe wird in chemischen Fabriken aus Flussspath und Schwefelsäure dargestellt. Sie bildet eine farblose, an der Luft rauchende Flüssigkeit, welche in der Regel etwa 30% reine Flusssäure enthält. Diese Flusssäure ist eine äusserst ätzende Säure, welche mit der grössten Vorsicht gehandhabt werden muss. Sie verursacht an Händen und anderen Körpertheilen äusserst schmerzhafte, bösartige Brandwunden. Ihre Dämpfe wirken ebenso und greifen besonders die Augen in schmerzhaftester Weise an! Wenn Flusssäure versehentlich verspritzt oder vergossen wird, so ist sofort mit sehr viel (!) Wasser abzuwaschen. Die Flusssäure findet in der Technik zu den verschiedensten Zwecken ausgedehnte Verwendung als Aetzmittel oder Beize, besonders zum Aetzen von Glas. Ebenso wird sie in wissenschaftlichen Laboratorien, in der chemischen Industrie und in der Brauerei (als Konservirungsmittel für die Maische) angewendet.

Aufbewahrung: In der Giftkammer in gut verschraubbaren Bleigefässen oder Gefässen aus Hartgummi, möglichst isolirt und der Sicherheit wegen noch in einem starken Steinguttopf. Es empfiehlt sich, die Flusssäure ausserhalb des Giftschrankes (aber in der Giftkammer) aufzubewahren, da die hin und wieder den Gefässen entweichenden Dämpfe sämmtliche anderen Gefässe stark angreifen würden. **Abgabe:** Nach Eintragung in's Giftbuch gegen Giftschein bezw. Erlaubnissschein, deutlich signirt mit der Bezeichnung Gift in bleiernen Gefässen oder Flaschen aus Hartgummi (Kautschuk) sehr gut verschlossen. Man setzt diese Abgabegefässe am besten noch in ein offenes Kästchen voll Kieselguhr, Sägespähne, Holzwolle oder dergl. **Gegengifte** bei Verbrennungen: Viel Wasser!

Fluorammonium (fluorwasserstoffsaures Ammonium, Ammonium hydrofluoricum), eine Verbindung der Fluorwasserstoffsäure mit Ammoniak, die in chemischen Fabriken dargestellt wird. Es bildet farblose, in Wasser leicht lösliche Krystalle, welche ähnlich, wenn auch nicht so stark wie die Flusssäure ätzend wirken und an Stelle der letzteren zu wissenschaftlichen und technischen Zwecken Verwendung finden.

Aufbewahrung und **Abgabe** wie bei Flusssäure.

Fluorcalcium (Calcium hydrofluoricum) und Fluornatrium (Natrium hydrofluoricum), welche beide in der Technik Anwendung finden, wirken weder giftig noch ätzend, unterliegen also nicht den Bestimmungen des Giftgesetzes.

Homatropin ist ein chemisches Präparat, welches indirekt aus Hyoscyamin (siehe dieses) dargestellt wird und ausschliesslich zu wissenschaftlichen Zwecken Anwendung findet. Es bildet farblose, nadelförmige Krystalle und ist als bromwasserstoffsaures Homatropin (Homatropinum hydrobromicum) ein selten gebrauchtes, ähnlich dem Atropin wirkendes Arzneimittel.

Aufbewahrung: Im Giftschrank. **Abgabe:** Nach Eintragung in's Giftbuch gegen Giftschein bezw. Erlaubnissschein, deutlich signirt mit der Bezeichnung Gift.

Hyoscin und Hyoscyamin (Duboisin) sind Pflanzenbasen, welche aus dem in Deutschland einheimischen Bilsenkraut (Hyoscyamus niger) und anderen Pflanzen in chemischen Fabriken dargestellt werden. Sie bilden weisse, seidenglänzende Krystalle und werden nur zu wissenschaftlichen Zwecken gebraucht. Bromwasserstoffsaures Hyoscin oder Hyoscyamin (Hyoscyaminum hydrobromicum), welches in farblosen Krystallen in den Handel kommt, findet als Arzneimittel Anwendung und bildet ebenfalls farblose Krystalle.

Aufbewahrung: Im Giftschrank. **Abgabe:** Nach Eintragung in's Giftbuch gegen Giftschein bezw. Erlaubnissschein, deutlich signirt mit der Bezeichnung Gift. **Gegengifte:** Brechmittel, Tannin, Thierkohle, Opium, Jodkalium, letztere beiden nur auf ärztliche Verordnung.

Kantharidin (Kantharidenkampher) ist der wirksamste Bestandtheil der sogenannten Spanischen Fliegen

(Kanthariden). Derselbe wird in chemischen Fabriken dargestellt und bildet feine, weisse Krystalle. Das Kantharidin ist ein äusserst heftig wirkender Körper, welcher in Berührung mit der menschlichen Haut schmerzhafte Blasen und Entzündungen hervorruft und die grösste Vorsicht bei seiner Handhabung erfordert. Jedes Stäuben und jede Berührung mit den Fingern ist zu vermeiden. Hat man Kantharidin abgefüllt, so sind die gebrauchten Geräthschaften und die Hände nass abzuwischen, da auch das kleinste Stäubchen, wenn es zufällig an Augen, Mund oder Nase gelangt, schmerzhafte Zustände hervorruft. Das Kantharidin wird nur zu wissenschaftlichen und medicinischen Zwecken gebraucht (an Stelle der bekannten Spanischfliegenpflaster). Als kantharidinsaures Kali findet es auch innerlich medicinische Anwendung. Das kantharidinsaure Kali ist unter denselben Vorsichtsmassregeln aufzubewahren, abzugeben etc. wie das Kantharidin.

Aufbewahrung: Im Giftschrank. **Abgabe;** Nach Eintragung in's Giftbuch gegen Giftschein bezw. Erlaubnissschein, in sehr gut verschlossenen, dicht und fest überbundenen Gläsern, deutlich signirt mit der Bezeichnung Gift. **Gegengifte:** Innerlich Brechmittel, schleimige Getränke, Milch; äusserlich viel Wasser.

Kolchicin (Colchicin) ist eine Pflanzenbase, welche aus den Samen der in Deutschland einheimischen Herbstzeitlose (Colchicum autumnale) in chemischen Fabriken dargestellt wird. Es bildet gelbe Blättchen oder ein weissgelbes Pulver und wird nur zu wissenschaftlichen oder Arzneizwecken gebraucht. Ebenso das salicylsaure Kolchicin (Colchicinum salicylicum), welches ein gelbes Pulver darstellt.

Aufbewahrung; Im Giftschrank. **Abgabe:** Nach Eintragung in's Giftbuch gegen Giftschein bezw. Erlaubnissschein, deutlich signirt mit der Bezeichnung Gift. **Gegengifte;** Brechmittel, Tannin, Opium, letzteres nur auf ärztliche Verordnung.

Koniin (Coniin) ist eine Pflanzenbase, welche aus den Früchten des in Deutschland einheimischen Schierlings (Conium maculatum) in chemischen Fabriken dargestellt wird. Es bildet eine farblose oder schwach gelblich gefärbte, ölige Flüssigkeit von eigenthümlichem, widerlichen Geruch (in verdünntem Zustand mäuseartig!) und wird nur zu wissenschaftlichen oder Arzneizwecken gebraucht. Zu denselben Zwecken dienen **bromwasserstoffsaures Koniin** (Coniinum hydrobromicum) und **chlorwasserstoffsaures Koniin** (Coniinum hydrochloricum); beides sind nicht Flüssigkeiten, sondern weisse Krystalle.

Aufbewahrung: Im Giftschrank, des widerlichen Geruches wegen besonders gut verbunden. **Abgabe:** Nach Eintragung in's Giftbuch gegen Giftschein bezw. Erlaubnissschein, deutlich signirt mit der Bezeichnung Gift. **Gegengifte:** Brechmittel, Tannin, künstliche Respiration.

Nikotin ist das giftige Princip der Tabakblätter (von Nicotiana tabacum etc.). Es bildet wie das Koniin eine gelbliche Flüssigkeit von durchdringendem Geruch und wird fast nur zu wissenschaftlichen und Arzneizwecken gebraucht, selten an Stelle von Tabakbrühe zum Vertreiben von Ungeziefer (Flöhe).

Aufbewahrung: Im Giftschrank in gut überbundenen Gläsern. **Abgabe:** Nach Eintragung in's Giftbuch gegen Giftschein bezw. Erlaubnissschein, deutlich signirt mit der Bezeichnung Gift. **Gegengifte:** Brechmittel, Tannin, Jodjodkalium, letzteres nur auf ärztliche Verordnung.

Nitroglycerinlösungen finden nur zu wissenschaftlichen oder (besonders unter dem Namen Glonoin) zu Arzneizwecken Anwendung und kommen fertig im Handel vor, weil das reine Nitroglycerin ein äusserst gefährlicher Sprengstoff ist, dessen Versendung mit der Post verboten und dessen Versendung mit der Bahn weitgehenden Vorsichtsmassregeln unterworfen ist. Das reine Nitroglycerin wird in einzelnen wenigen Sprengstofffabriken aus Glycerin, konzentrirter Schwefelsäure und rauchender Salpetersäure dargestellt und bildet eine farblose oder gelbliche ölige Flüssigkeit von süsslichem Geschmack. Bei schnellem Erhitzen, durch Schlag starke Erschütterungen oder manchmal auch ohne besondere äussere Veranlassung explodirt das reine Nitroglycerin mit furchtbarster Heftigkeit. Es findet unter dem Namen Sprengöl oder, mit Kieselguhr gemischt, als Dynamit ausgedehnte Verwendung als Sprengmittel.

Aufbewahrung: Im Giftschrank. **Abgabe:** Nach Eintragung in's Giftbuch gegen Giftschein bezw. Erlaubnissschein, deutlich signirt mit der Bezeichnung Gift. **Gegengifte:** Brechmittel, künstliche Athmung.

Phosphor wird in chemischen Fabriken durch Zersetzung von Knochen, die im wesentlichen aus phosphorsaurem Kalk bestehen, dargestellt. Er kommt hauptsächlich in zwei Formen in den Handel: als gelber Phosphor und als rother oder amorpher Phosphor.

Der gelbe Phosphor bildet im frischen Zustande farblose bis schwach gelbe, durchsichtige Massen, die beim längeren Aufbewahren matt und etwas dunkler werden. In der Regel kommt er in Form von Stangen in den Handel, daher der Name Stangenphosphor. An feuchter Luft leuchtet der Phosphor im Dunkeln und bildet giftige, widerlich riechende, schwere Dämpfe. Bleibt er längere Zeit der Luft ausgesetzt, so entzündet er sich von selbst. Er muss deshalb stets unter Wasser aufbewahrt werden. Bei der Hantirung mit Phosphor ist grösste Vorsicht geboten. Man greife ihn nicht mit den Fingern an, zerschneide ihn nur unter Wasser, trockne die Stücken beim Abwägen nur oberflächlich mit Fliesspapier ab und bringe die abgewogenen Stücke sowohl wie auch den Vorrath sofort wieder in reines Wasser. Sämmtliche hierbei benutzte Geräthschaften sind mit Fliesspapier sorgfältig abzuwischen. Letzteres verbrennt man. Auf der Hand erzeugt der Phosphor sehr gefährliche Brandwunden, die leicht Blutvergiftung herbeiführen. Der gelbe Phosphor schmilzt unter Wasser schon bei etwa 45^0 und wird in der chemischen Industrie, in der Zündholzfabrikation, in der Technik zur Darstellung von Phosphorbronce etc. und vor allem zur Fabrikation von Phosphorpillen und Phosphorpasta (siehe unter Ungeziefermitteln Seite 120) in grossen Mengen gebraucht. Seine medicinische Anwendung ist demgegenüber nur sehr gering.

Aufbewahrung: Im Phosphorschrank (nicht im Giftschrank! Siehe § 7 Seite 10), in weithalsigen gläsernen Gefässen, in denen der Phosphor von Wasser vollkommen bedeckt ist. Diese Gefässe setzt man am besten in eine mit Sand oder Kieselguhr gefüllte Thonkruke oder in ein Blechgefäss. **Abgabe:** Nach Eintragung in's Giftbuch gegen Giftschein bezw. Erlaubnissschein, deutlich signirt mit der Bezeichnung Gift, in weithalsigen, mit Wasser gefüllten Glasgefässen, die man gut verbindet und möglichst in eine Blechdose, Kruke oder Kiste packt, die mit Kieselguhr, Sand oder Holzwolle ausgefüttert wird. **Gegengifte:** Bei innerlichen Vergiftungen altes Terpentinöl oder sogenanntes Kienöl, Brechmittel; bei Verbrennungen viel Wasser, dem man kohlensaure Magnesia zumischt, und jedenfalls ärztliche Hilfe.

Rother, sogenannter amorpher Phosphor wird durch längeres Erhitzen von gewöhnlichem gelben Phosphor unter Luftabschluss dargestellt und bildet entweder ein dunkelrothes, geruch- und geschmackloses, grobes Pulver oder derbe, rothbraune, oft metallisch glänzende Stücke. Der rothe Phosphor erleidet an der Luft keinerlei Veränderung, ist auch durch Reiben etc. nicht entzündlich und ist in reinem Zustande nicht giftig. Da der im Handel vorkommende rothe Phosphor aber immer grössere oder kleinere Mengen des gewöhnlichen Phosphors noch enthält, so ist er ebenfalls als starkes Gift zu behandeln. Der rothe Phosphor wird zu wissenschaftlichen Zwecken und vornehmlich zur Darstellung der Reibmasse für die sogenannten schwedischen Zündhölzer gebraucht.

Aufbewahrung: Im Phosphorschrank in gut schliessenden Gefässen, aber nicht unter Wasser. **Abgabe:** Nach Eintragung in's Giftbuch gegen Giftschein bezw. Erlaubnissschein, deutlich signirt mit der Bezeichnung Gift. **Gegengifte** wie bei gelbem Phosphor.

Physostigmin (Eserin) ist eine Pflanzenbase, welche aus der aus Westafrika stammenden sogenannten Calabarbohne, den Samen von Physostigma venenosum, in chemischen Fabriken dargestellt wird. Es bildet weisse, glänzende Krystallblättchen und findet nur zu wissenschaftlichen und Arzneizwecken Anwendung. Gebräuchliche Salze des Physostigmin sind das salicylsaure Physostigmin (Physostigminum salicylicum), farblose oder schwefelgelbe Krystallblättchen, und das schwefelsaure Physostigmin (Physostigminum sulfuricum), ein weisses, an feuchter Luft zerfliessendes Krystallpulver.

Aufbewahrung: Im Giftschrank. **Abgabe:** Nach Eintragung in's Giftbuch gegen Giftschein bezw. Erlaubnissschein, deutlich signirt mit der Bezeichnung Gift. **Gegengifte:** Brechmittel, Tannin, Jodjodkalium, Atropin, letztere beiden nur auf ärztliche Verordnung.

Pikrotoxin (Cocculin) ist eine Pflanzenbase, welche aus den sogenannten Kokkelskörnern, den Früchten von Menispermum Cocculus, in chemischen Fabriken dargestellt wird. Es bildet farblose Krystallnadeln und wird fast ausschliesslich zu wissenschaftlichen Zwecken gebraucht.

Sehr stark wirkende Gifte der Abtheilung 1.   41

Aufbewahrung: Im Giftschrank. **Abgabe:** Nach Eintragung in's Giftbuch gegen Giftschein bezw. Erlaubnissschein, deutlich signirt mit der Bezeichnung Gift. **Gegengifte:** Brechmittel, Chloralhydrat, letzteres nur auf ärztliche Verordnung.

Quecksilberpräparate sind fast alle mehr oder weniger giftig. Sie gehören zum grössten Theil zu den sehr stark wirkenden Giften der Abtheilung 1. Nur das Quecksilberchlorür, der sogenannte Kalomel, ist ein nur unter gewissen Umständen giftig wirkendes Präparat und gehört zu den Giften der Abtheilung 3, während das rothe Schwefelquecksilber, der sogenannte Zinnober, ungiftig ist. Auch reines metallisches Quecksilber ist als nicht giftig zu bezeichnen. Sämmtliche Quecksilberpräparate werden in chemischen Fabriken dargestellt und dürfen beim Abwägen etc. nicht mit Metallen in Berührung kommen, da sie hierbei zersetzt werden.

Quecksilberchlorid (Quecksilbersublimat, Sublimat, Hydrargyrum bichloratum corrosivum) bildet weisse, durchscheinende, strahlig krystallinische, schwere Stücke oder ein weisses, mattes, schweres Pulver, ohne Geruch, von herbem, metallischen Geschmack. Es ist eins der gefährlichsten Metallgifte und mit ganz besonderer Vorsicht zu behandeln. In der Medicin wird Quecksilberchlorid als Aetzmittel, als Desinfektionsmittel, zum Imprägniren von Verbandstoffen, sowie auch innerlich angewendet. Ferner findet es ausgedehnte Verwendung zu wissenschaftlichen Zwecken, in der chemischen Industrie und in der Technik.

Aufbewahrung: Im Giftschrank. Sublimat in Stücken zerschlägt wegen der Schwere und Scharfkantigkeit der Stücke bei dem Neigen des Gefässes auch starke Glasgefässe sehr leicht. Deshalb bewahrt man ihn am besten in starken Steingutkruken auf. **Abgabe:** Nach Eintragung in's Giftbuch gegen Giftschein bezw. Erlaubnissschein, deutlich signirt mit der Bezeichnung Gift, in festen, starkwandigen Gefässen. **Gegengifte:** Eiweiss, Milch, Thierkohle, schleimige Getränke, Eisenpulver.

Quecksilbernitrat (Quecksilberoxydulnitrat, salpetersaures Quecksilber, Hydrargyrum nitricum) ist eine Verbindung von Quecksilber mit Salpetersäure, die in chemischen Fabriken dargestellt wird. Es bildet farblose, an der Luft leicht matt werdende Krystalle oder ein schweres krystallinisches Pulver, welches immer ein wenig nach Salpetersäure riecht und auf der Haut ätzend wirkt. Es darf nur mit Löffeln aus Horn oder Porcellan oder Holz umgefüllt werden. Metallene Löffel, Waagen und andere Geräthschaften werden durch das Quecksilbernitrat angegriffen, wobei auch letzteres sich zersetzt. Das Präparat findet fast nur zu wissenschaftlichen und technischen Zwecken, selten zu Arzneizwecken (als Aetzmittel) Anwendung.

Aufbewahrung: Im Giftschrank in sehr gut schliessenden und überbundenen Gefässen. **Abgabe:** Nach Eintragung in's Giftbuch gegen Giftschein bezw. Erlaubnissschein. deutlich signirt mit der Bezeichnung Gift. **Gegengifte:** Wie bei Quecksilberchlorid.

Quecksilberoxyd (Hydrargyrum oxydatum, Hydrargyrum praecipitatum rubrum), eine Verbindung von Sauerstoff mit Quecksilber, kommt in zwei Formen vor, als rothes und gelbes Quecksilberoxyd. Beide sind ihrer chemischen Zusammensetzung nach sich gleich. Ihre Farbe hängt nur von der Art der Darstellung ab. Sie bilden schwere, meist ziemlich feine Pulver, die sich fest an alle Geräthschaften (Waagen, Löffel etc.) anhängen und deshalb mit besonderer Sorgfalt zu behandeln sind. Beide werden nur zu wissenschaftlichen und Arzneizwecken angewendet.

Aufbewahrung: Im Giftschrank in braunen Gläsern oder in Kruken, jedenfalls vor Licht möglichst geschützt, da sie auch vom indirekten Sonnenlicht leicht zersetzt und hierdurch grau bis schwarz gefärbt werden. **Abgabe:** Nach Eintragung in's Giftbuch gegen Giftschein bezw. Erlaubnissschein, deutlich signirt mit der Bezeichnung Gift in braunen Gläsern. **Gegengifte:** Wie bei Quecksilbernitrat.

Quecksilbersulfat (schwefelsaures Quecksilber, Hydrargyrum sulfuricum) ist eine Verbindung von Schwefelsäure mit Quecksilber und bildet entweder ein schweres, weisses Krystallpulver oder weisse Krystallmassen. Es wird zur Darstellung von Quecksilberfarben, zu technischen Zwecken (z. B. zur Füllung galvanischer Elemente) und selten in der Medicin gebraucht.

Aufbewahrung: Im Giftschrank, vor Licht geschützt. **Abgabe:** Nach Eintragung ins Giftbuch gegen Giftschein bezw. Erlaubnissschein, deutlich signirt mit der Bezeichnung Gift. **Gegengifte:** Wie bei Quecksilberchlorid.

Sehr stark wirkende Gifte der Abtheilung 1. 43

Andere öfter gebrauchte giftige Quecksilberpräparate, die aber fast nur in der Medicin Anwendung finden, sind die folgenden: Cyanquecksilber (Hydrargyrum cyanatum), farblose Krystalle, die eine Verbindung der Cyanwasserstoffsäure mit Quecksilber darstellen. — Jodquecksilber. Es giebt zwei Verbindungen des Jods mit Quecksilber: das Quecksilberjodid (Hydrargyrum bijodatum) bildet ein schweres, rothes Pulver, welches sich an allen Geräthschaften etc. fest anhängt und mit besonderer Vorsicht zu behandeln ist. Das Quecksilberjodür (Hydrargyrum jodatum flavum) bildet ein grüngelbes, ebenfalls schweres Pulver. Beide Arten von Jodquecksilber sind vor der Einwirkung des Lichtes sorgfältig zu schützen, da sie durch dieses leicht zersetzt und grau bis schwarz gefärbt werden. — Quecksilberpräcipitat (Hydrargyrum praecipitatum album, weisser Präcipitat) ist eine Verbindung von Quecksilberchlorid mit Chlor und Ammoniak, die weisse, bröckelige Stücke oder ein schweres, weisses, an den Geräthschaften fest anhaftendes Pulver bildet.

Aufbewahrung: Im Giftschrank in dunklen Gefässen oder gut verbundenen Kruken. **Abgabe:** Nach Eintragung in's Giftbuch gegen Giftschein bezw. Erlaubnissschein, deutlich signirt mit der Bezeichnung Gift, in dunklen Gläsern. **Gegengifte:** Wie bei Quecksilberchlorid.

Skopolamin, welches in der Abtheilung 1 als besonderer Körper aufgeführt wird, ist dasselbe wie Hyoscin (siehe Seite 36). Es findet als Scopolaminum hydrobromicum Anwendung in der Medicin.

Strophanthin ist eine Pflanzenbase aus den aus Afrika stammenden giftigen Strophanthussamen (siehe Seite 69), ein äusserst giftiger Körper, der nur zu wissenschaftlichen, selten zu medicinischen Zwecken Verwendung findet. Es bildet ein weisses, krystallinisches Pulver.

Aufbewahrung: Im Giftschrank. **Abgabe:** Nach Eintragung in's Giftbuch gegen Giftschein bezw. Erlaubnissschein, deutlich signirt mit der Bezeichnung Gift.

Strychnin ist die wichtigste Pflanzenbase, welche sich neben Brucin (siehe Seite 30) in den Krähenaugensamen oder Brechnüssen (Semen Strychni), einer ostindischen Arzneidroge, findet und in chemischen Fabriken dargestellt wird. In reinem Zustande bildet es weisse Krystalle, gelangt aber fast nur in Form der nachstehenden beiden Verbindungen in den Handel: **Strychninnitrat (salpetersaures Strychnin, Strychninum nitricum)**, eine Verbindung des Strychnins mit Salpetersäure, bildet farblose, nadelförmige Krystalle von äusserst bitterem Geschmack. Dieses Strychninnitrat ist eins der furchtbarsten Pflanzengifte, denn es wirkt in verschwindend kleinen Dosen tödtlich. Man hüte sich beim Hantiren mit Strychnin vor dem Verschütten auch des kleinsten Stäubchens, säubere Löffel, Waagen, Tisch etc. mit einem feuchten Lappen und wasche die Hände sorgfältigst ab. Das Strychninnitrat wird selten zu Arzneizwecken, in der Hauptsache zum Vertilgen von Raubzeug und in Form von vergiftetem Getreide (siehe Seite 119) zur Vertilgung von Mäusen etc. in grossen Mengen gebraucht. Zu gleichen Zwecken, aber seltener findet das **Strychninsulfat (schwefelsaures Strychnin, Strychninum sulfuricum)** Anwendung. Dasselbe ist eine Verbindung des Strychnins mit Schwefelsäure und bildet ebenfalls weisse Krystallnadeln.

Aufbewahrung: Im Giftschrank. **Abgabe:** Nach Eintragung in's Giftbuch gegen Giftschein bezw. Erlaubnissschein, deutlich signirt mit der Bezeichnung Gift. **Gegengifte:** Brechmittel, Tannin, Chloralhydrat, letzteres nur auf ärztliche Verordnung.

Uransalze gelangen nur in sehr beschränktem Maasse in den Kleinhandel. Es sind Verbindungen des Metalls Uran, welches seinem Aeusseren nach dem Eisen ähnelt, aber nicht in gediegenem Zustande, sondern meist als Uranpecherz in der Natur vorkommt. Wichtige Uransalze, welche alle in chemischen Fabriken dargestellt werden, sind die folgenden:

Uranoxyd, eine Verbindung von Uran mit Sauerstoff, ein bräunlich gelber Körper, der zur Darstellung von **Urangelb**, einer giftigen Uranfarbe (siehe Seite 115), gebraucht wird. Dieses Urangelb ist eine Verbindung von Uranoxyd mit Natron und findet zur Darstellung von fluorescirenden Gläsern (Uranglas) sowie in der Porcellan- und Emaillemalerei Verwendung.

Urannitrat (**salpetersaures Uranoxyd, Uranylnitrat, Uranum nitricum**), eine Verbindung von Uranoxyd mit Salpetersäure, bildet grünlich gelbe, fluorescirende Krystalle und wird im wesentlichen zu wissenschaftlichen Zwecken gebraucht.

Uranacetat (Uranylacetat, essigsaures Uranoxyd), eine Verbindung von Uranoxyd mit Essigsäure, bildet schöne, gelbe Krystalle und wird in der Hauptsache zu wissenschaftlichen Zwecken gebraucht.

Aufbewahrung: Sämmtliche Uransalze, auch die Uranfarben, gehören in den Giftschrank. **Abgabe:** Nach Eintragung in's Giftbuch gegen Giftschein bezw. Erlaubnissschein, deutlich signirt mit der Bezeichnung Gift.

Veratrin ist eine Pflanzenbase aus den Sabadillsamen, den Samen der in Mexiko einheimischen Sabadillzwiebel (Sabadilla officinarum). Es wird in chemischen Fabriken dargestellt und bildet weisse, stückige, leicht stäubende Massen oder ein weisses Pulver. Veratrin muss mit äusserster Vorsicht behandelt werden, da die allergeringste Menge desselben, wenn sie durch Verstäuben auf die Nasenschleimhäute gelangt, heftiges Niesen und schmerzhaftes Brennen hervorruft. Es wird fast ausschliesslich zu medicinischen und wissenschaftlichen Zwecken gebraucht.

Aufbewahrung: Im Giftschrank. **Abgabe:** Nach Eintragung in's Giftbuch gegen Giftschein bezw. Erlaubnissschein, deutlich signirt mit der Bezeichnung Gift. **Gegengifte:** Auspumpen des Magens mit Gerbsäurelösung, Moschustinktur, Kampher, Aether, Opium, letzteres nur auf ärztliche Verordnung.

Stark wirkende Gifte der Abtheilung 2.

Acetanilid (Antifebrin) ist eine Verbindung des Anilins mit der Essigsäure, die in chemischen Fabriken dargestellt wird und fast nur zu wissenschaftlichen und medicinischen Zwecken Anwendung findet. Es bildet weisse oder schwach gelbliche Krystallblättchen.

Aufbewahrung: Nach § 2 und 3 des Giftgesetzes getrennt von den übrigen, nicht giftigen Waaren. **Abgabe:** Nach Eintragung in's Giftbuch, gegen Giftschein eventuell auch Erlaubnissschein, deutlich signirt mit der Bezeichnung Gift.

Adoniskraut (Christwurzkraut, Teufelaugenkraut, Herba Adonidis) ist das getrocknete Kraut des in Deutschland einheimischen sogenannten **Ackerröschens** (Adonis vernalis). Es ist ein altes, bei Herzkrankheiten angewendetes Volksmittel.

Aufbewahrung: Nach § 2 und 3 des Giftgesetzes getrennt von den übrigen, nicht giftigen Waaren. **Abgabe:** Nach Eintragung in's Giftbuch, gegen Giftschein eventuell auch Erlaubnissschein, deutlich signirt mit der Bezeichnung Gift.

Aethylenpräparate von praktischer Bedeutung sind nur zwei zu nennen. Beide werden in chemischen Fabriken dargestellt und finden ausschliesslich wissenschaftliche oder medicinische Anwendung: Aethylenbromid (Bromaethylen, Aethylenum bromatum), eine farblose, schwere, stark lichtbrechende, flüchtige Flüssigkeit von brennendem Geschmack und betäubendem Geruch. Aethylenchlorid (Chloräthylen, Elaylchlorür, Aethylenum bichloratum), eine der vorigen ganz ähnliche Flüssigkeit.

Aufbewahrung: Nach § 2 und 3 des Giftgesetzes getrennt von den übrigen, nicht giftigen Waaren; in braunen, gut verschlossenen Flaschen, vor Licht geschützt. **Abgabe:** Nach Eintragung in's Giftbuch, gegen Giftschein eventuell auch Erlaubnissschein, deutlich signirt mit der Bezeichnung Gift.

Agaricin (Agaricinsäure) wird ein als Harzsäure bezeichneter Körper genannt, den man aus dem besonders in der Schweiz und Frankreich häufig vorkommenden Lärchenschwamm (Polyporus officinalis) gewinnt. Es bildet ein weisses, feines Krystallpulver und findet nur zu wissenschaftlichen und medicinischen Zwecken Anwendung.

Aufbewahrung: Nach § 2 und 3 des Giftgesetzes getrennt von den übrigen, nicht giftigen Waaren. **Abgabe:** Nach Eintragung in's Giftbuch, gegen Giftschein eventuell auch Erlaubnissschein, deutlich signirt mit der Bezeichnung Gift.

Akonitpräparate entstammen sämmtlich dem in Europa einheimischen giftigen sogenannten Eisenhut oder Sturmhut (Aconitum Napellus), dessen hauptsächliches wirksames Princip das Akonitin (siehe Seite 26) bildet. Die im Handel vorkommenden Zubereitungen aus Akonit finden nur medicinische Verwendung. Akonitknollen und Akonitkraut sind als Rohdrogen im Handel; Akonitextrakt und Akonittinktur werden in Apotheken und pharmaceutischen Fabriken dargestellt.

Stark wirkende Gifte der Abtheilung 2.

Aufbewahrung: Nach § 2 und 3 des Giftgesetzes getrennt von den übrigen, nicht giftigen Waaren; das ganze Kraut oder die Knollen eventuell auf dem Giftboden. **Abgabe:** Nach Eintragung in's Giftbuch, gegen Giftschein eventuell auch Erlaubnissschein, deutlich signirt mit der Bezeichnung Gift. **Gegengifte:** Brechmittel; Tannin, Cognac, starker Wein, Jodjodkalium, letzteres nur auf ärztliche Verordnung.

Amylenhydrat (Amylenum hydratum), ein chemisches Präparat, welches indirekt aus Amylalkohol (dem giftigen Fuselöl) dargestellt wird, bildet eine farblose, leichte, flüchtige Flüssigkeit von ätherischem Geruch und brennendem Geschmack. Es wird nur zu wissenschaftlichen und medicinischen Zwecken gebraucht.

Aufbewahrung: Nach § 2 und 3 des Giftgesetzes getrennt von den übrigen, nicht giftigen Waaren; in braunen, gut verschlossenen Flaschen vor Licht geschützt. **Abgabe:** Nach Eintragung in's Giftbuch, gegen Giftschein eventuell auch Erlaubnissschein, deutlich signirt mit der Bezeichnung Gift. **Gegengifte:** Brechmittel, Riechen an Salmiakgeist, starker Kaffee, kalte Umschläge auf den Kopf. Patient muss sofort in's warme Bett.

Amylnitrit (Amylennitrit, Salpetrigsäureamyläther, Amylium nitrosum), ein chemisches Präparat, welches aus Amylalkohol und Salpetersäure dargestellt wird. Es bildet eine gelbliche, flüchtige Flüssigkeit von aromatischem, brennendem Geschmack und betäubendem Geruch. Vorsicht! Wer in das Gefäss von Amylnitrit hineinriecht, bekommt Kopfschmerzen. Amylnitrit wird zu wissenschaftlichen und medicinischen Zwecken gebraucht, in sehr starker Verdünnung auch in der Fruchtätherfabrikation.

Aufbewahrung: Nach § 2 und 3 des Giftgesetzes getrennt von den übrigen, nicht giftigen Waaren; in braunen, gut verschlossenen Flaschen, vor Licht geschützt. **Abgabe:** Nach Eintragung in's Giftbuch, gegen Giftschein eventuell auch Erlaubnissschein, deutlich signirt mit der Bezeichnung Gift; in braunen Flaschen. **Gegengifte:** Brechmittel, frische Luft, künstliche Athmung.

Apomorphin ist eine Pflanzenbase aus dem Opium (siehe Seite 63), welche in chemischen Fabriken dargestellt wird und nur zu wissenschaftlichen und medicinischen Zwecken Anwendung findet, und zwar nur in Form seiner Verbindung mit Salzsäure als salzsaures Apomorphin (Apomorphinum hydrochloricum). Dieses bildet weisse oder grauweisse Kryställchen, welche sich durch den Einfluss von Luft und Licht sehr leicht grüngrau färben.

Aufbewahrung: Nach § 2 und 3 des Giftgesetzes getrennt von den übrigen, nicht giftigen Waaren; in kleinen, braunen, sehr gut verschlossenen Gläschen, die man am besten, in Watte gepackt, in einem grösseren Gefässe unterbringt. **Abgabe:** Nach Eintragung in's Giftbuch, gegen Giftschein eventuell auch Erlaubnissschein, deutlich signirt mit der Bezeichnung Gift; in braunen, sehr gut verschlossenen Gläschen.

Belladonnapräparate stammen sämmtlich von der in Deutschland einheimischen Tollkirsche (Atropa Belladonna), deren hauptsächlich wirksames Princip das giftige Atropin (siehe Seite 30) ist. Belladonnawurzel und Belladonnakraut sind Rohdrogen, welche zur Darstellung des Atropins, sowie von Belladonnaextrakt und Belladonnatinktur gebraucht werden und lediglich medicinisches Interesse bieten.

Aufbewahrung: Nach § 2 und 3 des Giftgesetzes getrennt von den übrigen, nicht giftigen Waaren; Wurzel und Kraut dürfen unter Umständen auch auf einem besonderen Giftboden lagern. **Abgabe:** Nach Eintragung in's Giftbuch, gegen Giftschein eventuell auch Erlaubnisschein, deutlich signirt mit der Bezeichnung Gift. **Gegengifte:** Brechmittel, Tannin, Thierkohle, Jodjodkalium, Opium, letztere beiden nur auf ärztliche Verordnung.

Bilsenkrautpräparate stammen sämmtlich von dem in Deutschland einheimischen Bilsenkraut (Hyoscyamus niger), dessen giftige Principien vornehmlich Hyoscyamin und Hyoscin (Scopolamin) sind (siehe Seite 36). Als Rohdrogen kommt das ganze Kraut (Herba Hyoscyami), sowie die Samen (Semen Hyoscyami) in den Handel, aus denen in Apotheken und pharmaceutischen Fabriken die genannten giftigen Pflanzenbasen, sowie Bilsenkrautextrakt und Bilsenkrauttinktur dargestellt werden. Ausserdem findet noch ein Bilsenkrautöl arzneiliche Anwendung. Alle diese Präparate bieten nur medicinisches Interesse.

Aufbewahrung: Nach § 2 und 3 des Giftgesetzes getrennt von den übrigen, nicht giftigen Waaren; das Kraut kann unter Umständen auf einem besonderen Giftboden lagern. **Abgabe:** Nach Eintragung in's Giftbuch, gegen Giftschein eventuell auch Erlaubnissschein, deutlich signirt mit der Bezeichnung Gift. **Gegengifte** wie bei Belladonnapräparaten.

Bittermandelöl. Man kann aus den allbekannten bitteren Mandeln zweierlei Oel erhalten. Ein sehr feines, fettes Oel

Stark wirkende Gifte der Abtheilung 2.

wird durch Pressen daraus gewonnen. Dasselbe ist ungiftig und kommt hier nicht in Betracht. Lässt man aber die hierbei erhaltenen Pressrückstände mit Wasser angerührt eine Nacht lang stehen und destillirt dann das Wasser ab, so scheidet sich nach dem Abkühlen der abdestillirten Flüssigkeit das sogenannte **ätherische, blausäurehaltige Bittermandelöl** ab, welches in geeigneter Weise vom Wasser getrennt und getrocknet wird. Dasselbe enthält Blausäure (aus den bitteren Mandeln) und ist giftig. Es bildet eine farblose oder gelbe, nach bitteren Mandeln riechende Flüssigkeit und wird in der Seifenfabrikation und in der Liqueurfabrikation angewendet, selten in der Medicin.

Aufbewahrung: Nach § 2 und 3 des Giftgesetzes getrennt von den übrigen, nicht giftigen Waaren. **Abgabe:** Nach Eintragung in's Giftbuch, gegen Giftschein eventuell auch Erlaubnissschein, deutlich signirt mit der Bezeichnung Gift. **Gegengifte:** Chlorwasser, verdünnte Chlorkalklösung, Opium, sämmtlich nur auf ärztliche Verordnung anzuwenden.

Blausäurefreies, ätherisches Bittermandelöl wird durch Behandeln des vorher genannten, giftigen Oeles mit Eisenvitriol und gelöschtem Kalk erhalten. Künstliches Bittermandelöl stammt überhaupt nicht von den bitteren Mandeln, ist vielmehr ein chemisches Produkt (Benzaldehyd). Beide sind nicht giftig.

Brechnusspräparate stammen sämmtlich von den sogenannten Brechnüssen (Semen Strychni), den Samen des ostindischen Baumes Strychnos Nux vomica. Dieselben enthalten die sehr giftigen Pflanzenbasen Brucin und Strychnin (siehe Seite 30 u. 43). Die Semen Strychni (auch Krähenaugen genannt) kommen als Rohdroge in den Handel. Aus ihnen wird in Apotheken und pharmaceutischen Fabriken das Brechnussextrakt (Extractum Strychni) und die Brechnusstinktur (Tinctura Strychni) dargestellt, die beide nur medicinische Verwendung finden. Ferner werden geraspelte Brechnüsse hin und wieder auch Ungeziefermitteln zugesetzt, welche dann bezüglich der Aufbewahrung und Abgabe zu behandeln sind wie andere giftige Ungeziefermittel (siehe Seite 21 u. 117).

Aufbewahrung: Nach § 2 und 3 des Giftgesetzes getrennt von den übrigen, nicht giftigen Waaren. **Abgabe:** Nach Eintragung in's Giftbuch, gegen Giftschein eventuell auch Erlaubnissschein, deutlich signirt mit der Bezeichnung Gift. **Gegengifte:** Brechmittel, Tannin, Bromkalium, Jodjodkalium, Jodtinktur, Chloralhydrat; letztere drei nur auf ärztliche Verordnung.

Brechweinstein (Tartarus stibiatus) ist eine Verbindung von Antimonmetall und Weinstein (weinsaures Antimonylkalium), welche in chemischen Fabriken dargestellt wird. Derselbe bildet entweder schwere, weisse Krystalle oder ein krystallinisches Pulver, dessen Staub die Schleimhäute der Nase sehr heftig angreift und demzufolge möglichst zu vermeiden ist. Brechweinstein findet in der Medicin Anwendung, zum grössten Theil aber in der Technik als Beize in der Färberei, in der Metallindustrie (zum Färben der Broncen), sowie in der chemischen Industrie. Beim Hantiren mit Brechweinstein ist grosse Vorsicht geboten, da derselbe schmerzhafte Entzündungen auf der Haut hervorruft. Man wasche sich deshalb sorgfältig die Hände nach gethaner Arbeit!

Aufbewahrung: Nach § 2 und 3 des Giftgesetzes getrennt von den übrigen, nicht giftigen Waaren. **Abgabe:** Nach Eintragung in's Giftbuch, gegen Giftschein eventuell auch Erlaubnissschein, deutlich signirt mit der Bezeichnung Gift. **Gegengifte:** Gerbsäure, Eichenrindenabkochung, Alkoholica.

Brom ist ein chemisches Element, d. h. ein einheitlicher Körper, welcher in chemischen Fabriken aus den bromhaltigen Abraumsalzen des Stassfurter Salzbergbaues dargestellt wird. Brom bildet eine sehr schwere, rothe, an der Luft stark rauchende, heftig ätzende, äusserst giftige Dämpfe entwickelnde Flüssigkeit, welche die grösste Vorsicht beim Umfüllen etc. erheischt. Jede Hantirung mit Brom darf nur im Freien (auf dem Hof) vorgenommen werden. Dabei stelle man sich so, dass man den Wind im Rücken hat, dass also die entwickelten Dämpfe von dem Arbeitenden abgetrieben werden. Trotz grösster Vorsicht muss jedes Arbeiten mit Brom schnell vor sich gehen, da die Bromdämpfe Metall und alle in der Nähe befindlichen Gegenstände stark angreifen. Auf der Haut verursacht Brom sehr bösartige Brandwunden. Wird Brom verschüttet, so spüle man dasselbe mit viel verdünnter Natronlauge und später mit Wasser fort.

Aufbewahrung: Im Keller oder einem anderen kühlen Raum, vollkommen abgesondert von sämmtlichen anderen Waaren, von Metallgegenständen etc. In der Regel kommt Brom in nur zu $^2/_3$ gefüllten Glasstöpselflaschen in den Handel, die mit Baumwachs verklebt und gut zugebunden sind. Diese setzt man in eine feste Kiste und bettet sie gut in Kieselguhr ein. **Abgabe:** Nach Eintragung in's Giftbuch, gegen Giftschein eventuell auch Erlaubnissschein, deutlich signirt mit der Bezeichnung Gift. Man füllt das Brom in gut schliessende Glasstöpselgefässe (nur $^3/_4$ voll) und verkittet diese mit Baumwachs. Jedes Fläschchen setzt man in ein Kistchen, umgiebt es vollständig mit Kieselguhr und empfiehlt dem Boten noch die grösste Vorsicht beim Tragen. Wenn es der Besteller gestattet, empfiehlt es sich, das Brom mit etwas Wasser zu überschichten. Brom ist vom Postversandt vollkommen ausgeschlossen und zum Versandt mit der Bahn (Feuerzug) nur unter besonderen Vorsichtsmassregeln zugelassen. **Gegengifte:** Innerlich Stärkekleister, Mehlbrei, Eiweiss, kohlensaure Magnesia; bei Vergiftungen durch Bromdämpfe Einathmen von Wasserdämpfen; bei äusserlichen Verbrennungen viel Wasser.

Bromäthyl (Aethylbromid, Aether bromatus) ist eine Verbindung von Brom mit Alkohol, die in chemischen Fabriken und in Apotheken dargestellt wird. Es bildet eine klare, farblose, schwere, flüchtige Flüssigkeit von ätherischem Geruch und wird nur zu wissenschaftlichen und medicinischen Zwecken gebraucht. Durch den Einfluss von Licht und Luft zersetzt es sich leicht.

Aufbewahrung: Nach § 2 und 3 des Giftgesetzes getrennt von den übrigen, nicht giftigen Waaren; in sehr gut schliessenden und verbundenen braunen Flaschen, vor Licht geschützt an einem kühlen Ort. **Abgabe:** Nach Eintragung in's Giftbuch, gegen Giftschein eventuell auch Erlaubnissschein, deutlich signirt mit der Bezeichnung Gift; in braunen Flaschen.

Bromalhydrat (Bromalum hydratum) wird aus Brom und Alkohol in chemischen Fabriken dargestellt und bildet farblose, an der Luft leicht feucht werdende Krystalle. Es findet nur zu wissenschaftlichen und medicinischen Zwecken Anwendung.

Aufbewahrung: Nach § 2 und 3 des Giftgesetzes getrennt von den übrigen, nicht giftigen Waaren; in Glasstöpselgefässen. **Abgabe:** Nach Eintragung ins Giftbuch, gegen Giftschein eventuell auch Erlaubnissschein, deutlich signirt mit der Bezeichnung Gift.

Bromoform wird durch Zersetzen von Bromalhydrat mit Natronlauge in chemischen Fabriken und Apotheken dargestellt und bildet eine farblose, sehr schwere, ätherisch-süsslich riechende, flüchtige Flüssigkeit, die durch Luft und Licht leicht zersetzt wird. Es findet nur wissenschaftliche oder medicinische Anwendung.

Aufbewahrung: Nach § 2 und 3 des Giftgesetzes getrennt von den übrigen, nicht giftigen Waaren; in sehr gut schliessenden und überbundenen braunen Flaschen, vor Licht geschützt. **Abgabe:** Nach Eintragung ins Giftbuch, gegen Giftschein eventuell auch Erlaubnissschein, deutlich signirt mit der Bezeichnung Gift; in braunen Flaschen.

Butylchloralhydrat (Crotonchloralhydrat) wird in chemischen Fabriken dargestellt und bildet feine Krystallblättchen von süsslich-fruchtartigem Geruch. Es wird nur zu wissenschaftlichen und medicinischen Zwecken gebraucht.

Aufbewahrung: Nach § 2 und 3 des Giftgesetzes getrennt von den übrigen, nicht giftigen Waaren; vor Licht geschützt. **Abgabe:** Nach Eintragung ins Giftbuch, gegen Giftschein event. auch Erlaubnissschein, deutlich signirt mit der Bezeichnung Gift.

Calabar-Präparate werden sämmtlich aus den Calabarbohnen (Fabae Calabaricae), den Samen der in Westafrika heimischen Physostigma venenosum, in Apotheken und chemischen Fabriken dargestellt. Diese Calabarbohnen kommen als Rohdroge in den Handel und enthalten das sehr giftige Physostigmin (s. S. 40). Calabarextrakt (Extractum Calabaricae) und Calabartinktur (Tinctura Calabaricae) werden aus den Samen in den Apotheken dargestellt und finden fast nur medicinische Verwendung.

Aufbewahrung: Nach § 2 und 3 des Giftgesetzes getrennt von den übrigen, nicht giftigen Waaren. **Abgabe:** Nach Eintragung in's Giftbuch, gegen Giftschein eventuell auch Erlaubnissschein, deutlich signirt mit der Bezeichnung Gift. **Gegengifte:** Brechmitttel, Gerbsäure.

Cardol wird eine gelbe, ölige Flüssigkeit genannt, welche in den sogenannten Elephantenläusen und den Akajunüssen, zwei westindischen Drogen, enthalten ist. Das Cardol bewirkt, wenn es auf die Haut gebracht wird, starke Reizungen und schmerzhafte, eiterige Entzündungen und wird hin und wieder (meist in verdünntem Zustande) an Stelle von Spanischfliegen-Pflaster in der Medicin gebraucht.

Aufbewahrung: Nach § 2 und 3 des Giftgesetzes getrennt von den übrigen, nicht giftigen Waaren. **Abgabe:** Nach Eintragung in's Giftbuch, gegen Giftschein eventuell auch Erlaubnissschein, deutlich signirt mit der Bezeichnung Gift.

Chloräthyliden (Aethylidenchlorid, Aethylidenum bichloratum), ein chemisches Präparat, welches bei der Fabrikation von Chloralhydrat als Nebenprodukt gewonnen wird. Es bildet eine farblose, flüchtige, ätherisch riechende Flüssigkeit und wird nur zu wissenschaftlichen und medicinischen Zwecken gebraucht.

Aufbewahrung: Nach § 2 und 3 des Giftgesetzes getrennt von den übrigen, nicht giftigen Waaren. **Abgabe:** Nach Eintragung in's Giftbuch, gegen Giftschein eventuell auch Erlaubnissschein, deutlich signirt mit der Bezeichnung Gift.

Chloralformamid (Chloralum formamidatum), wird in Apotheken und chemischen Fabriken dargestellt und bildet weisse, glänzende Kryställchen. Es findet nur zu wissenschaftlichen und medicinischen Zwecken Anwendung.

Aufbewahrung: Nach § 2 und 3 des Giftgesetzes getrennt von den übrigen, nicht giftigen Waaren. **Abgabe:** Nach Eintragung in's Giftbuch, gegen Giftschein eventuell auch Erlaubnissschein, deutlich signirt mit der Bezeichnung Gift.

Chloralhydrat (Chloralum hydratum) wird im wesentlichen durch Einleiten von Chlor in Alkohol dargestellt und bildet farblose Krystalle von etwas stechendem, aromatischem Geruch, die an der Luft leicht feucht werden und in der Wärme zerfliessen. Es zersetzt sich leicht an der Luft und im Licht und wird nur zu wissenschaftlichen und medicinischen Zwecken verwendet.

Aufbewahrung: Nach § 2 und 3 des Giftgesetzes getrennt von den übrigen, nicht giftigen Waaren; in gut schliessenden, braunen Glasstöpselgefässen, möglichst kühl. **Abgabe:** Nach Eintragung in's Giftbuch, gegen Giftschein eventuell auch Erlaubnissschein, deutlich signirt mit der Bezeichnung Gift. **Gegengifte:** Künstliche Athmung, Hautreize, Aether und Moschus.

Chloressigsäure (Trichloressigsäure, Acidum trichloraceticum) ist eine Verbindung von Chlor und Essigsäure, die in chemischen Fabriken dargestellt wird. Sie bildet farblose, leicht zerfliessliche Krystalle von stechendem Geruch, die an der Luft feucht werden und beim Erwärmen schmelzen. Sie wird zu wissenschaftlichen und medicinischen Zwecken (vornehmlich als Aetzmittel) gebraucht und ist mit Vorsicht zu behandeln, da sie auf der Haut schmerzhafte Aetzungen hervorruft.

Aufbewahrung: Nach § 2 und 3 des Giftgesetzes getrennt von den übrigen, nicht giftigen Waaren; in Glasstöpselgefässen, vor Feuchtigkeit geschützt, möglichst kühl. **Abgabe:** Nach Eintragung in's Giftbuch, gegen Giftschein eventuell auch Erlaubnissschein, deutlich signirt mit der Bezeichnung Gift.

Chloroform wird in chemischen Fabriken durch Einwirkung von Chlorkalk, Alkohol oder Aceton dargestellt und bildet eine farblose, schwere, süsslich-ätherisch riechende, flüchtige Flüssigkeit, die durch Licht und Luft zersetzt wird. Es wird in grossen Mengen in der chemischen Industrie und in der Medicin (als vornehmstes Betäubungsmittel), vielfach auch in der Technik als Lösungsmittel für die verschiedensten Stoffe gebraucht, hin und wieder auch zum Tödten von Käfern und Schmetterlingen.

Aufbewahrung: Nach § 2 und 3 des Giftgesetzes getrennt von den übrigen, nicht giftigen Waaren; in gut geschlossenen, braunen Flaschen, vor Licht geschützt, möglichst kühl. **Abgabe:** Nach Eintragung in's Giftbuch, gegen Giftschein eventuell auch Erlaubnissschein, deutlich signirt mit der Bezeichnung Gift. **Gegengifte:** Frische Luft, künstliche Athmung, Hautreize, Einathmen von 5 Tropfen (nicht mehr!) Amylnitrit.

Chromsäure (Acidum chromicum) ist eine Verbindung des Elementes Chrom mit Sauerstoff, die in chemischen Fabriken aus Kaliumbichromat (siehe Seite 79) und Schwefelsäure dargestellt wird. Chromsäure bildet entweder blutrothe, glänzende, spiessige Krystalle oder ein blutrothes Krystallpulver. Sie zerfliesst an der Luft und wirkt, wenn sie auf die Haut gelangt, ätzend. Sie wird in der chemischen Industrie in grossen Mengen angewendet, ebenso in der Technik und den Gewerben, z. B. zum Färben und Beizen von Holz, Geweben und Gespinsten, als Konservirungsmittel etc. Rosshändler benutzen sie zum Färben der Haare der Pferde. In der Medicin findet sie als Aetzmittel und Desinfektionsmittel Anwendung.

Aufbewahrung: Nach § 2 und 3 des Giftgesetzes getrennt von den übrigen, nicht giftigen Waaren; in sehr gut schliessenden Gefässen, möglichst kühl. **Abgabe:** Nach Eintragung in's Giftbuch, gegen Giftschein eventuell auch Erlaubnissschein, deutlich signirt mit der Bezeichnung Gift. **Gegengifte:** Brechmittel,

Milch, Eiweiss, schleimige Getränke, eine Mischung aus kohlensaurer Magnesia und Wasser.

Cocain ist eine Pflanzenbase aus den Cocablättern (von Erythroxylon Coco), einer südamerikanischen Droge, die in chemischen Fabriken auf Cocain verarbeitet wird. Reines Cocain bildet farblose Krystalle und wird nur zu wissenschaftlichen Zwecken gebraucht. In der Hauptsache kommt salzsaures Cocain (Cocainum hydrochloricum) in den Handel, meist in Form eines weissen Krystallpulvers, welches als schmerzstillendes Mittel ausgedehnte medicinische Verwendung findet. Ebenso wird das salicylsaure und bromwasserstoffsaure Cocain in der Medicin gebraucht.

Aufbewahrung: Nach § 2 und 3 des Giftgesetzes getrennt von den übrigen, nicht giftigen Waaren. **Abgabe:** Nach Eintragung in's Giftbuch, gegen Giftschein eventuell auch Erlaubnissschein, deutlich signirt mit der Bezeichnung Gift. **Gegengifte:** Cognac und andere Spirituosen, Senfpflaster auf die Herzgegend, Einathmen von 5 Tropfen Amylnitrit.

Convallamarin ist eine Pflanzenbase aus den Blüthen und dem Kraut der in Deutschland einheimischen Maiglöckchen (Convallaria majalis), welches in chemischen Fabriken dargestellt wird und ein weisses krystallinisches Pulver bildet. Es findet nur wissenschaftliche, selten medicinische Anwendung.

Aufbewahrung: Nach § 2 und 3 des Giftgesetzes getrennt von den übrigen, nicht giftigen Waaren. **Abgabe:** Nach Eintragung in's Giftbuch, gegen Giftschein eventuell auch Erlaubnissschein, deutlich signirt mit der Bezeichnung Gift.

Convallarin, ebenfalls eine Pflanzenbase aus den Maiglöckchen, bildet farblose Krystalle und ist in Bezug auf Aufbewahrung, Abgabe etc. wie das Convallamarin zu behandeln.

Elaterin ist eine Pflanzenbase aus der sogenannten Eselsgurke oder Spritzgurke, der Frucht einer in den Mittelmeerländern einheimischen Gurkenpflanze (Ecbalium Elaterium). Es bildet tafelförmige Krystalle und wird nur selten zu wissenschaftlichen oder medicinischen Zwecken gebraucht.

Aufbewahrung: Nach § 2 und 3 des Giftgesetzes getrennt von den übrigen, nicht giftigen Waaren. **Abgabe:** Nach Eintragung in's Giftbuch, gegen Giftschein eventuell auch Erlaubnissschein, deutlich signirt mit der Bezeichnung Gift. **Gegengifte:** Brechmittel, schleimige Getränke, Wein, Aether, Opium; letztere beiden nur auf ärztliche Verordnung.

Erythrophloeumpräparate stammen sämmtlich von der sogenannten Sassi-Rinde (Cortex Erythrophloei) einer Droge aus Sierra Leone, deren wichtigster Bestandtheil das Erythrophloein (siehe Seite 35) ist. Die Rinde wird in ihrer Heimath zur Darstellung von Pfeilgift und zu medicinischen Zwecken gebraucht. Bei uns findet sie nur selten Anwendung.

Aufbewahrung: Nach § 2 und 3 des Giftgesetzes getrennt von den übrigen, nicht giftigen Waaren. **Abgabe:** Nach Eintragung in's Giftbuch, gegen Giftschein eventuell auch Erlaubnissschein, deutlich signirt mit der Bezeichnung Gift.

Euphorbium nennt man das Gummiharz, welches aus den Stengeln einer ostafrikanischen Kaktusart von selbst ausfliesst und von den Eingeborenen gesammelt wird. Es bildet rundlich-eckige, unregelmässige Stücke von gelb-bräunlicher Farbe oder ein mattgelbes Pulver, welches äusserst heftig zum Niesen reizt und die Nasenschleimhaut schmerzhaft angreift. Beim Hantiren mit Euphorbium ist deshalb die grösste Vorsicht geboten und jedes etwa verschüttete Stäubchen feucht zu beseitigen. Euphorbium findet fast nur in der Medicin Anwendung.

Aufbewahrung: Nach § 2 und 3 des Giftgesetzes getrennt von den übrigen, nicht giftigen Waaren; in sehr gut schliessenden Gefässen oder verklebten festen Pappkartons. **Abgabe:** Nach Eintragung in's Giftbuch, gegen Giftschein eventuell auch Erlaubnissschein, deutlich signirt mit der Bezeichnung Gift; in sehr gut schliessenden Gefässen.

Fingerhutpraparate stammen sämmtlich von dem in Deutschland einheimischen Fingerhut (Digitalis purpurea), dessen Blätter als Folia Digitalis eine sehr wichtige Arzneidroge bilden. Dieselben enthalten das giftige Digitalin (siehe Seite 34). Aus den Fingerhutblättern bezw. dem ganzen Kraut werden in den Apotheken dargestellt Fingerhutessig (Acetum Digitalis), Fingerhutextrakt (Extractum Digitalis) und Fingerhuttinktur (Tinctura Digitalis). Diese Präparate finden fast nur medicinische Anwendung.

Aufbewahrung: Nach § 2 und 3 des Giftgesetzes getrennt von den übrigen, nicht giftigen Waaren. **Abgabe:** Nach Eintragung in's Giftbuch, gegen Giftschein eventuell auch Erlaubnissschein, deutlich signirt mit der Bezeichnung Gift. **Gegengifte:** Brechmittel, Gerbsäure, Cognac, Wein, Sentteig.

Gelsemiumpräparate stammen sämmtlich von der aus

Mittelamerika stammenden Wurzel von Gelsemium sempervirens, welche als Radix Gelsemii eine werthvolle Arzneidroge bildet. Aus derselben macht man in den Apotheken Gelsemiumextrakt (Extractum Gelsemii) und Gelsemiumtinktur (Tinctura Gelsemii), welche beide fast nur medicinische Anwendung finden.

Aufbewahrung: Nach § 2 und 3 des Giftgesetzes getrennt von den übrigen, nicht giftigen Waaren; die ganze Wurzel kann unter Umständen auf einem besonderen Giftboden lagern. **Abgabe:** Nach Eintragung in's Giftbuch, gegen Giftschein eventuell auch Erlaubnissschein, deutlich signirt mit der Bezeichnung Gift.

Giftlattichpräparate stammen sämmtlich von dem in Deutschland einheimischen Giftlattich (Lactuca virosa), dessen getrocknetes Kraut als Herba Lactucae virosae eine im deutschen Handel selten gebrauchte Arzneidroge bildet, während der eingetrocknete Milchsaft der frischen Pflanze als Lactucarium medicinische Verwendung findet. Hin und wieder findet man auch ein Giftlattichextract (Extractum Lactucae virosae) im Handel, welches durch Auspressen der ganzen Pflanze und Eindicken des sogenannten Presssaftes erhalten wird. Alle diese Präparate finden fast nur medicinische Anwendung.

Aufbewahrung: Nach § 2 und 3 des Giftgesetzes getrennt von den übrigen, nicht giftigen Waaren; das getrocknete Kraut kann unter Umständen auf dem Giftboden lagern. **Abgabe:** Nach Eintragung ins Giftbuch, gegen Giftschein eventuell auch Erlaubnissschein, deutlich signirt mit der Bezeichnung Gift. **Gegengifte:** Brechmittel, starker Kaffee.

Gottesgnadenkrautpräparate stammen sämmtlich von dem in Deutschland einheimischen Gottesgnadenkraut (Gratiola officinalis), dessen getrocknetes Kraut als Herba Gratiolae in den Handel kommt. Aus diesen wird in den Apotheken ein Extrakt (Extractum Gratiolae) und eine Tinktur (Tinctura Gratiolae) dargestellt, die sämmtlich fast nur medicinische Verwendung finden.

Aufbewahrung: Nach § 2 und 3 des Giftgesetzes getrennt von den übrigen, nicht giftigen Waaren; das getrocknete Kraut kann auch auf dem Giftboden lagern. **Abgabe:** Nach Eintragung in's Giftbuch, gegen Giftschein eventuell auch Erlaubnissschein, deutlich signirt mit der Bezeichnung Gift. **Gegengifte:** Brechmittel, Tannin, schleimige Getränke, Opium, letzteres nur auf ärztliche Verordnung.

Gummigutti (Gutti, Gummigutt) ist das Gummiharz einer in Ostasien einheimischen Pflanze (Garcinia Morella), welches ausfliesst, wenn man in die Rinde des Baumes Einschnitte macht oder die Rinde stellenweise ganz ablöst. Es kommt in cylindrischen oder unregelmässigen, grünlich-gelben zerreiblichen Stücken in den Handel, die im Bruch muschelig, glatt und glänzend und an den Kanten durchscheinend sind. In gepulvertem Zustande erscheint Gummigutti dunkel citronengelb. Dasselbe wird hin und wieder in der Medicin, zum grössten Theil aber als geschätzte Malerfarbe und zur Darstellung von feinen Lacken gebraucht.

Aufbewahrung: Nach § 2 und 3 des Giftgesetzes getrennt von den übrigen, nicht giftigen Waaren. **Abgabe:** Nach Eintragung in's Giftbuch, gegen Giftschein eventuell auch Erlaubnissschein, deutlich signirt mit der Bezeichnung Gift. **Gegengifte:** Eispillen, kalte schleimige Getränke, Spirituosen, Opium, letzteres nur auf ärztliche Verordnung.

Indischer Hanf wird das Kraut der in Centralasien einheimischen, in Deutschland kultivirten Pflanze Cannabis indica genannt, welches in getrocknetem Zustande als Herba Cannabis indicae eine Arzneidroge bildet. Aus dieser wird in den Apotheken ein Extrakt (Extractum Cannabis indicae) und eine Tinktur (Tinctura Cannabis indicae) dargestellt, die beide fast nur arzneiliche Verwendung finden.

Aufbewahrung: Nach § 2 und 3 des Giftgesetzes getrennt von den übrigen, nicht giftigen Waaren; das getrocknete Kraut kann auch auf dem Giftboden lagern. **Abgabe:** Nach Eintragung in's Giftbuch, gegen Giftschein eventuell auch Erlaubnissschein, deutlich signirt mit der Bezeichnung Gift. **Gegengifte:** Brechmittel.

Hydroxylamin ist eine chemische Verbindung, welche aus Stickstoff, Wasserstoff und Sauerstoff besteht und nur in wässeriger Lösung in den Handel kommt. Technische und medicinische Anwendung findet es nur in Form seiner Salze. Salzsaures Hydroxylamin (Hydroxylaminum hydrochloricum) bildet in reinem Zustande weisse in Wasser lösliche Krystalle. Es wird ausser zu medicinischen Zwecken in der Photographie und in der chemischen Industrie gebraucht, besonders zur Wiedergewinnung von Gold und Silber aus photographischen Rückständen. Das zu diesem Zwecke in den Handel gebrachte Reducirsalz ist rohes salzsaures Hydroxylamin. **Schwefelsaures Hydroxylamin** (Hydroxylaminum sulfuricum) bildet ebenfalls weisse Krystalle und findet zu denselben Zwecken, aber seltener, Anwendung.

Aufbewahrung: Nach § 2 und 3 des Giftgesetzes getrennt von den übrigen, nicht giftigen Waaren. **Abgabe:** Nach Eintragung in's Giftbuch, gegen Giftschein eventuell auch Erlaubnissschein, deutlich signirt mit der Bezeichnung Gift.

Jalapenpräparate stammen sämmtlich von den als Jalapenknollen (Tubera Jalapae) in den Handel kommenden Wurzelknollen einer mexikanischen Windenart (Ipomoea purga), welche als Rohdroge zu uns kommt und in chemischen Fabriken und Apotheken zu Jalapenharz (Resina Jalapae) und Jalapentinktur (Tinctura Jalapae) verarbeitet wird. Das Jalapenharz bildet braune, auf den Bruchflächen glänzende, in der Wärme weich werdende Massen. Alle diese Präparate finden fast nur medicinische Anwendung.

Aufbewahrung: Nach § 2 und 3 des Giftgesetzes getrennt von den übrigen, nicht giftigen Waaren; die ganzen Knollen können auch auf dem Giftboden lagern. Das Harz muss kühl aufbewahrt werden, damit es nicht zusammenfliesst. **Abgabe:** Nach Eintragung in's Giftbuch, gegen Giftschein eventuell auch Erlaubnissschein, deutlich signirt mit der Bezeichnung Gift.

Kirschlorbeeröl (Oleum Laurocerasi) ist ein farbloses oder gelbliches ätherisches Oel, welches durch Destillation aus den frischen Blättern des in den Mittelmeerländern einheimischen Kirchlorbeerstrauches (Prunus Laurocerasus) gewonnen wird. Es enthält, wie das Bittermandelöl (siehe Seite 48) Blausäure und ist in seiner übrigen Eigenschaft dem Bittermandelöl sehr ähnlich. Kirschlorbeeröl wird in der Seifenfabrikation, der Parfümerie und in sehr kleinen Mengen auch in der Essenzenfabrikation gebraucht.

Aufbewahrung: Nach § 2 und 3 des Giftgesetzes getrennt von den übrigen, nicht giftigen Waaren. **Abgabe:** Nach Eintragung in's Giftbuch, gegen Giftschein eventuell auch Erlaubnissschein, deutlich signirt mit der Bezeichnung Gift. **Gegengifte:** Wie bei Blausäure.

Kodein (Codein) ist eine Pflanzenbase, welche aus dem Opium in chemischen Fabriken gewonnen, zum Theil aber auch künstlich aus Morphin (siehe Seite 61) dargestellt wird. Es bildet farblose oder weisse Krystalle und findet nur zu wissenschaftlichen und medicinischen Zwecken Anwendung. Dasselbe gilt für die nachfolgenden Salze des Kodeins: **Salzsaures Kodein** (Codeinum hydrochloricum), weisse, kleine Krystalle, und **phosphorsaures Kodein** (Codeinum phosphoricum), feine weisse Krystallnadeln.

Aufbewahrung: Nach § 2 und 3 des Giftgesetzes getrennt von den übrigen, nicht giftigen Waaren. **Abgabe:** Nach Eintragung in's Giftbuch, gegen Giftschein eventuell auch Erlaubnissschein, deutlich signirt mit der Bezeichnung Gift. **Gegengifte:** Brechmittel, Gerbsäure, künstliche Athmung, Chloralhydrat, Jodjodkalium; letztere beiden nur auf ärztliche Verordnung.

Kokkelskörner (Fischkörner, Semen Cocculi) sind die kugeligen Früchte eines ostindischen Klimmstrauches (Anamirta Cocculus), welche in frischem Zustande scharlachroth, in getrocknetem Zustande graubraun erscheinen. Sie haben etwa die Grösse der Lorbeeren. Sie enthalten zwei giftige Pflanzenbasen, das Pikrotoxin (siehe Seite 40) und Menispermin und werden sowohl als Zusatz zu Ungeziefermitteln (Läusepulver) als auch zum Betäuben der Fische beim Fischfang benutzt. Letztere Anwendungsweise ist in Deutschland verboten.

Aufbewahrung: Nach § 2 und 3 des Giftgesetzes getrennt von den übrigen, nicht giftigen Waaren. **Abgabe:** Nach Eintragung in's Giftbuch, gegen Giftschein eventuell auch Erlaubnissschein, deutlich signirt mit der Bezeichnung Gift. Anwendung der Kokkelskörner zum Fischfang ist kein erlaubter Zweck im Sinne des Giftgesetzes!

Kotoin (Cotoin) ist eine Pflanzenbase aus der giftigen Kotorinde, der Rinde eines in Bolivia einheimischen Baumes aus der Familie der Lorbeerbäume. Es bildet blassgelbe, nadelförmige Krystalle und findet nur zu wissenschaftlichen und medicinischen Zwecken Anwendung.

Aufbewahrung: Nach § 2 und 3 des Giftgesetzes getrennt von den übrigen, nicht giftigen Waaren. **Abgabe:** Nach Eintragung in's Giftbuch, gegen Giftschein eventuell auch Erlaubnissschein, deutlich signirt mit der Bezeichnung Gift.

Krotonöl (Oleum Crotonis, Oleum Tiglii), ist das durch Pressung erhaltene fette Oel der Krotonkörner, der Samen eines ostasiatischen Baumes Croton Tiglium. Es ist ein gelbbraunes, fettiges, dickflüssiges Oel von eigenthümlichem, unangenehmen Geruch, von anfangs mildem, hinterher sehr scharf und schmerzhaft brennendem Geschmack. Auf der Haut erzeugt es Brennen und schliesslich schmerzhaften Ausschlag, weshalb es mit grosser Vorsicht zu behandeln ist. Krotonöl findet fast nur medicinische Anwendung (äusserlich als energisches Reizmittel, innerlich als äusserst drastisches Abführmittel).

Aufbewahrung: Nach § 2 und 3 des Giftgesetzes getrennt von den übrigen, nicht giftigen Waaren; in braunen Gläsern, vor Licht geschützt. **Abgabe:** Nach Eintragung in's Giftbuch, gegen Giftschein eventuell auch Erlaubnissschein, deutlich signirt mit der Bezeichnung Gift.

Morphin ist die wichtigste Pflanzenbase aus dem Opium welche dessen schlafbringende Wirkung vornehmlich bedingt. Es wird in chemischen Fabriken dargestellt und bildet in reinem Zustande glänzende, feine spiessige Krystalle. In der Regel wird es als salzsaures Morphin (Morphinum hydrochloricum) angewendet. Dieses bildet entweder weisse, seidenglänzende Krystallnadeln, oder leichte, weisse würfelförmige Stücke von krystallinischer Struktur (durch Komprimiren des krystallinischen Salzes erhalten). Es wird nur zu wissenschaftlichen und medicinischen Zwecken gebraucht.

Aufbewahrung: Nach § 2 und 3 des Giftgesetzes getrennt von den übrigen, nicht giftigen Waaren. **Abgabe:** Nach Eintragung in's Giftbuch, gegen Giftschein eventuell auch Erlaubnissschein, deutlich signirt mit der Bezeichnung Gift. **Gegengifte:** Senfteige, starker Kaffee, Tannin, Klystiere.

Narcein und Narkotin sind ebenfalls Pflanzenbasen des Opiums, welche in chemischen Fabriken dargestellt und zu wissenschaftlichen und (selten) zu medicinischen Zwecken Anwendung finden. Beide bilden farblose Krystalle und sind in Bezug auf Aufbewahrung und Abgabe wie Morphin zu behandeln.

Nieswurzpräparate stammen von der sogenannten grünen, schwarzen oder weissen Nieswurz. Die grüne Nieswurz (Radix Hellebori viridis) ist die Wurzel des in Mitteleuropa einheimischen Krautes Helleborus viridis, aus welchem ein Extrakt und eine Tinktur bereitet werden, die nur selten medicinische Anwendung finden. — Die schwarze Nieswurz (Radix Hellebori nigri) stammt von dem ebenfalls in Mitteleuropa einheimischen Helleborus niger und findet dieselbe Anwendung wie die grüne Nieswurz. Ausserdem werden sie beide zur Darstellung von Schnupfpulvern (Schneeberger Schnupftabak) gebraucht. — Die weisse Nieswurz (Rhizoma Veratri) ist der Wurzelstock eines ebenfalls in Mitteleuropa einheimischen Krautes Veratrum album. Derselbe sieht aber nicht, wie vermuthet werden könnte, weiss, sondern braun aus. Der Name „weisse Nieswurz" stammt lediglich von der Farbe der Blüthe des Veratrum album her, welche weiss ist. Dieser Wurzelstock bildet eine werthvolle Rohdroge, welche sowohl zur Darstellung des giftigen Veratrins (siehe Seite 45) als auch zur Bereitung einer Nieswurzeltinktur (Tinctura Veratri) in grossen Mengen gebraucht wird. Auch ein Extrakt der weissen Nieswurz (Veratrumextrakt, Extractum Veratri) kommt in den Handel. Er findet, ebenso wie die Tinktur, auch medicinisch Anwendung. Mit gepulverter Nieswurz hantire man vorsichtig, da dieselbe die Schleimhäute der Nase schmerzhaft angreift und heftig zum Niesen reizt.

Aufbewahrung: Nach § 2 und 3 des Giftgesetzes getrennt von den übrigen, nicht giftigen Waaren; die ganzen Wurzeln können auch dem Giftboden lagern. **Abgabe:** Nach Eintragung in's Giftbuch, gegen Giftschein eventuell auch Erlaubnissschein, deutlich signirt mit der Bezeichnung Gift. **Gegengifte:** Starker Kaffee, schleimige Getränke, Tannin, Opium; letzteres nur auf ärztliche Verordnung.

Nitrobenzol (Mirbanöl, Oleum Mirbani) ist eine in chemischen Fabriken hergestellte gelbe bis gelbbräunliche klare Flüssigkeit von intensivem, an Bittermandelöl erinnerndem Geruch, ein reines Kunstprodukt, welches in der Seifenfabrikation vielfach als Ersatz des echten Bittermandelöls Anwendung findet und wohl auch als künstliches Bittermandelöl bezeichnet wird. Es darf nicht mit dem eigentlichen künstlichen Bittermandelöl, dem ungiftigen Benzaldehyd (siehe Seite 49) verwechselt werden und nur zu technischen Zwecken, nie zu Genusszwecken Anwendung finden. Man hüte sich vor dem Einathmen der Nitrobenzoldämpfe, welche starke Kopfschmerzen verursachen.

Aufbewahrung: Nach § 2 und 3 des Giftgesetzes getrennt von den übrigen, nicht giftigen Waaren. **Abgabe:** Nach Eintragung in's Giftbuch, gegen Giftschein eventuell auch Erlaubnissschein, deutlich signirt mit der Bezeichnung Gift. **Gegengifte:**

Stark wirkende Gifte der Abtheilung 2. 63

Brechmittel, Abführmittel, Senfpflaster, starker Kaffee und starker Wein.

Opium ist der in Kleinasien, Persien, der Türkei oder Indien durch Einschnitte in die unreife Fruchtkapsel des auch in Deutschland einheimischen Schlafmohns gewonnene, an der Luft eingetrocknete Milchsaft. Derselbe wird von den einzelnen Kapseln abgenommen und durch Kneten zu einzelnen Haufen vereinigt, die meist mit Mohnblättern umhüllt und so getrocknet werden. Das Opium, wie es nach Deutschland in den Handel kommt, bildet eine braune, in der Wärme klebrige Masse von eigenartigem Geruch und scharf bitterem Geschmack. Es findet als Arzneimittel vielfach Anwendung und in der chemischen Industrie zur Darstellung von Morphin, Narcein, Narkotin und anderen giftigen sogen. Opiumbasen. In den Apotheken bereitet man aus dem Opium ein Opiumextrakt (Extractum Opii) und eine Opiumtinktur (Tinctura Opii simplex).

Aufbewahrung: Nach § 2 und 3 des Giftgesetzes getrennt von den übrigen, nicht giftigen Waaren; in gut schliessenden Gefässen, möglichst kühl. **Abgabe:** Nach Eintragung in's Giftbuch, gegen Giftschein eventuell auch Erlaubnissschein, deutlich signirt mit der Bezeichnung Gift. **Gegengifte:** Senfteige, Gerbsäure, starker Kaffee, Klystiere, Kopf durch Eis kühlen und Füsse durch Wärmflasche wärmen.

Oxalsäure (Kleesäure, Zuckersäure, Acidum oxalicum) ist ein im Pflanzenreich vielfach vorkommender Körper, z. B. im Sauerklee (Oxalis acetosella), daher der Name Kleesäure oder Oxalsäure. Sie wird aber im grossen nur künstlich dargestellt und zwar entweder durch Schmelzen von Cellulose (Sägespähne) mit Aetzkali oder Aetznatron, wobei sich oxalsaures Kali oder Natron bildet, welches dann in oxalsauren Kalk und schliesslich in Oxalsäure verwandelt wird, oder durch Behandeln von Sägespähnen, Stärkemehl, Melasse oder Zucker (daher der Name Zuckersäure) mit Salpetersäure, wobei sich direkt Oxalsäure bildet. Im rohen Zustande bildet sie grauweisse krystallinische Massen oder ein grobes Krystallpulver. Reine Oxalsäure bildet kleine, nadelförmige Krystalle, ähnlich dem Bittersalz. Oxalsäure findet zu wissenschaftlichen und medicinischen Zwecken Anwendung, ferner in der chemischen Industrie und in grossen

Mengen in der Technik, besonders in der Zeugdruckerei. Im Haushalte und den Gewerben wird Oxalsäure unter dem Namen Zuckersäure vielfach zum Putzen von metallenen Gegenständen angewendet. Es ist hier besonders Vorsicht bei der Abgabe zu empfehlen, da die Dienstboten selten über die Giftigkeit derselben unterrichtet sind.

Aufbewahrung: Nach § 2 und 3 des Giftgesetzes getrennt von den übrigen, nicht giftigen Waaren. **Abgabe:** Nach Eintragung in's Giftbuch, gegen Giftschein eventuell auch Erlaubnissschein, deutlich signirt mit der Bezeichnung Gift. **Gegengifte:** Kalkwasser, Kreide.

Paraldehyd ist eine in chemischen Fabriken hergestellte klare, farblose Flüssigkeit von eigenthümlich ätherischem Geruch und brennend kühlendem Geschmack, welche leicht sich verflüchtigt und durch den Einfluss des Lichtes leicht zersetzt wird. Paraldheyd findet nur zu wissenschaftlichen und medicinischen Zwecken Anwendung.

Aufbewahrung: Nach § 2 und 3 des Giftgesetzes getrennt von den übrigen, nicht giftigen Waaren; in braunen, sehr gut verschlossenen Flaschen, vor Licht geschützt. **Abgabe:** Nach Eintragung in's Giftbuch, gegen Giftschein eventuell auch Erlaubnissschein, deutlich signirt mit der Bezeichnung Gift. **Gegengifte:** Brechmittel, künstliche Athmung, Senfpflaster, Aether.

Pentalum (Pental) wird eine in chemischen Fabriken dargestellte farblose, bewegliche, flüchtige und entzündliche Flüssigkeit genannt, welche nur zu wissenschaftlichen und medicinischen Zwecken Anwendung findet.

Aufbewahrung: Nach § 2 und 3 des Giftgesetzes getrennt von den übrigen, nicht giftigen Waaren; in sehr gut schliessenden Gefässen. **Abgabe:** Nach Eintragung in's Giftbuch, gegen Giftschein enventuell auch Erlaubnissschein, deutlich signirt mit der Bezeichnung Gift.

Pilokarpin ist eine Pflanzenbase, welche aus den Jaborandiblättern, den Blättern eines in Südamerika einheimischen Baumes (Pilocarpus pinnatifolius) in chemischen Fabriken dargestellt wird. In reinem Zustande bildet es eine farblose, siruparige Flüssigkeit, die nur selten zu wissenschaftlichen Zwecken Anwendung findet. Meist bedient man sich zu wissenschaftlichen und medicinischen Zwecken des salzsauren Pilokarpins (Pilocarpinum hydrochloricum). Dieses bildet weisse, an der Luft leicht feucht werdende

Stark wirkende Gifte der Abtheilung 2.

Krystalle. Auch das bromwasserstoffsaure und das salpetersaure Pilokarpin kommen zu denselben Zwecken in den Handel. Beide sind äusserlich dem salzsauren Pilocarpin ganz ähnlich.

Aufbewahrung: Nach § 2 und 3 des Giftgesetzes getrennt von den übrigen, nicht giftigen Waaren; in kleinen, mit Paraffin zugeschmolzenen Gläschen. **Abgabe:** Nach Eintragung in's Giftbuch, gegen Giftschein eventuell auch Erlaubnissschein, deutlich signirt mit der Bezeichnung Gift. **Gegengifte:** Brechmittel, Gerbsäure.

Sabadillpräparate stammen sämmtlich von dem Samen der in Mexiko einheimischen Sabadillzwiebel (Sabadilla officinarum), welche als Rohdroge unter dem Namen Sabadillsamen (Läusekörner, Semen Sabadillae) in den Handel kommen. Es sind runzelige, braunschwarze, innen weissliche Samenkörner von der Grösse der Windensamen und scharf bitterem Geschmack. Sie enthalten das sehr giftige Veratrin (siehe Seite 45) und werden in den Apotheken zu Sabadillessig (Acetum Sabadillae), hin und wieder auch zu Sabadillextrakt und -Tinktur verarbeitet, die sämmtlich selten zu medicinischen Zwecken, öfter zur Darstellung verschiedener Ungeziefermittel gebraucht werden.

Aufbewahrung: Nach § 2 und 3 des Giftgesetzes getrennt von den übrigen, nicht giftigen Waaren. **Abgabe:** Nach Eintragung in's Giftbuch, gegen Giftschein eventuell auch Erlaubnissschein, deutlich signirt mit der Bezeichnung Gift.

Sadebaumpräparate stammen sämmtlich von den Zweigspitzen des in Südeuropa einheimischen, in Deutschland hin und wieder angebauten Sadebaumes (Sabina officinalis), einem dem Wacholder nicht unähnlichen Gewächs. Diese Zweigspitzen kommen unter dem Namen Sadebaumkraut oder Sevenkraut (Herba Sabinae) in den Handel und finden vornehmlich in der Thierheilkunde Anwendung. Aus ihnen gewinnt man ein Extrakt (Extractum Sabinae), welches ebenfalls, aber selten, arzneilich angewendet wird. Durch Destillation der Zweigspitzen mit Wasserdampf stellt man ein farbloses, oder schwach gelbliches, dünnflüssiges ätherisches Oel dar, das Sadebaumöl (Oleum Sabinae). Dasselbe besitzt den charakteristischen Geruch des Sadebaumkrautes und wird fast nur zu medicinischen Zwecken angewandt.

Aufbewahrung: Nach § 2 und 3 des Giftgesetzes getrennt von den übrigen, nicht giftigen Waaren; das unzerkleinerte Kraut kann auf dem Giftboden lagern. Das Oel ist in gut schliessenden Flaschen vor Licht geschützt aufzubewahren. **Abgabe:** Nach Eintragung in's Giftbuch, gegen Giftschein eventuell auch Erlaubnissschein, deutlich signirt mit der Bezeichnung Gift. **Gegengifte:** Brechmittel.

Sankt Ignatiussamen (Ignatiusbohnen, Fabae St. Ignatii) nennt man die bohnengrossen Samen eines Kletterstrauches der Philippinen (Strychnos Ignatii). Dieselben sind aussen grau bis braun, runzelig, innen graugrün, hornartig. Sie enthalten Strychnin und werden in chemischen Fabriken zur Darstellung desselben gebraucht, selten zu medicinischen Zwecken.

Aufbewahrung: Nach § 2 und 3 des Giftgesetzes getrennt von den übrigen, nicht giftigen Waaren. **Abgabe:** Nach Eintragung in's Giftbuch, gegen Giftschein eventuell auch Erlaubnissschein, deutlich signirt mit der Bezeichnung Gift. **Gegengifte:** wie bei Strychnin (Seite 44).

Santonin ist eine Pflanzenbase, welche in chemischen Fabriken aus dem sogen. Wurmsamen oder Zittwersamen, den Blüthenständen (nicht Samen!) der vornehmlich in Südrussland einheimischen Artemisia Cina dargestellt wird. Es bildet farblose, glänzende, bitter schmeckende feine Krystallblättchen und wird nur zu wissenschaftlichen und medicinischen Zwecken (als wurmtreibendes Mittel) gebraucht.

Aufbewahrung: Nach § 2 und 3 des Giftgesetzes getrennt von den übrigen, nicht giftigen Waaren; in braunen Gläsern, vor Licht geschützt. **Abgabe:** Nach Eintragung in's Giftbuch, gegen Giftschein eventuell auch Erlaubnissschein, deutlich signirt mit der Bezeichnung Gift. **Gegengifte:** Brechmittel, Chloralhydrat; letzteres nur auf ärztliche Verordnung.

Scammoniumpräparate stammen sämmtlich von der Wurzel eines in Griechenland und Kleinasien einheimischen Windengewächses (Convolvulus Scammonia). Dieselbe kommt unter dem Namen Scammoniumwurzel (Radix Scammoniae) als Rohdroge in den Handel und wird fast nur zur Darstellung des Scammoniumharzes (Resina Scammoniae) gebraucht. Dieses Harz bildet braune bis schwarze, brüchige, auf dem Bruch glänzende Massen und findet fast nur zu medicinischen Zwecken Anwendung. Als Scammoniumharz kommt auch der eingetrocknete Milchsaft der frischen Wurzel in den Handel, der in den Heimathländern dargestellt wird.

Aufbewahrung: Nach § 2 und 3 des Giftgesetzes getrennt von den übrigen, nicht giftigen Waaren; die Wurzel kann auf dem Giftboden lagern. **Abgabe:** Nach Eintragung in's Giftbuch, gegen Giftschein eventuell auch Erlaubnissschein, deutlich signirt mit der Bezeichnung Gift.

Schierlingpräparate stammen sämmtlich von dem in Europa einheimischen gefleckten Schierling (Conium maculatum), dessen Kraut in getrocknetem Zustande als Herba Conii in den Handel kommt und medicinische Anwendung findet. Dasselbe enthält das sehr giftige Koniin (s. Seite 37). Noch reichlicher ist die Pflanzenbase in den unreifen Früchten des Schierlings, den Fructus Conii enthalten, welche ebenso wie das Kraut, in chemischen Fabriken auf Coniin verarbeitet werden. Aus dem frischen, blühenden Kraut stellt man in den Apotheken ein Schierlingsextrakt (Extractum Conii) und eine Tinktur (Tinctura Conii) dar, die nur arzneiliche Anwendung finden. Sämmtliche Schierlingspräparate sind sehr giftig.

Aufbewahrung: Nach § 2 und 3 des Giftgesetzes getrennt von den übrigen, nicht giftigen Waaren; das Kraut kann auf dem Giftboden lagern. Die Samen oder Früchte sind wegen der leicht möglichen Verwechselung mit ähnlichen, ungiftigen Samen, besonders vorsichtig zu behandeln. **Abgabe:** Nach Eintragung in's Giftbuch, gegen Giftschein eventuell auch Erlaubnissschein, deutlich signirt mit der Bezeichnung Gift. **Gegengifte:** Brechmittel, Chloralhydrat, Opium; letztere beiden nur auf ärztliche Verordnung.

Senföl (ätherisches Senföl, Oleum Sinapis) wird durch Destillation des in Wasser eingeweichten Samen des schwarzen Senfs gewonnen und stellt ein gelbliches Oel von äusserst scharfem, heftig zu Thränen reizenden Geruch dar, welches auf der Haut schmerzhaftes Brennen und Entzündungen hervorruft. Dasselbe ist wegen dieser Eigenschaften und wegen seines durchdringenden Geruches mit grösster Vorsicht zu behandeln. Es findet fast nur medicinische Anwendung.

Aufbewahrung: Nach § 2 und 3 des Giftgesetzes getrennt von den übrigen, nicht giftigen Waaren; in sehr gut schliessenden und überbundenen Gefässen, die man am besten noch in eine gut schliessende Blech- oder Holzdose stellt, damit der Geruch des Oeles sich anderen Waaren nicht mittheilt. **Abgabe:** Nach Eintragung in's Giftbuch, gegen Giftschein eventuell auch Erlaubnissschein, deutlich signirt mit der Bezeichnung Gift; in sehr gut verwahrten festen Gefässen.

Spanische Fliegen (Cantharides) nennt man eine in Mitteleuropa, besonders in Südrussland, Ungarn, Oesterreich und Rumänien vorkommende Käferart (Lytta vesicatoria) mit grün und goldig schillernden Flügeldecken, die im Mai bis Juli gesammelt, durch Aether getödtet und vorsichtig getrocknet werden. Sie enthalten das sehr giftige Kantharidin (siehe Seite 36) und finden zur Darstellung desselben, sowie zur Darstellung medicinischer Präparate Anwendung. Besonders zu nennen sind ein ätherischer, mit concentrirtem Collodium gemischter Auszug (Collodium cantharidatum) und ein spirituöser Auszug (Tinctura cantharidum). Beide, sowie alle anderen Spanischfliegenpräparate wirken, äusserlich angewendet, blasenziehend und hautreizend. Innerlich finden spanische Fliegen selten Anwendung.

Aufbewahrung: Nach § 2 und 3 des Giftgesetzes getrennt von den übrigen, nicht giftigen Waaren; am besten in gut schliessenden Blechgefässen. **Abgabe:** Nach Eintragung in's Giftbuch, gegen Giftschein eventuell auch Erlaubnissschein, deutlich signirt mit der Bezeichnung Gift. **Gegengifte:** Brechmittel, schleimige Getränke, Opium; letzteres nur auf ärztliche Verordnung.

Stechapfelpräparate kommen sämmtlich von dem in Europa einheimischen Stechapfel (Datura Stramonium), dessen Blätter in getrocknetem Zustande als Folia Stramonii in den Handel kommen. Die schwarzbraunen, rundlich nierenförmigen Samen, Semen Stramonii, kommen ebenfalls als Arzneidroge in den Handel. Blätter und Samen werden zur Gewinnung der giftigen Pflanzenbasen Hyoscin und Hyoscyamin (siehe Seite 36), sowie zu medicinischen Zwecken gebraucht, die Blätter besonders zur Darstellung von Räuchermitteln und sogenannten Asthmacigaretten gegen Athembeschwerden. Aus dem frischen, blühenden Kraut stellt man auch ein Extrakt (Extractum Stramonii) dar und aus den gepulverten Samen eine Tinktur (Tinctura Stramonii).

Aufbewahrung: Nach § 2 und 3 des Giftgesetzes getrennt von den übrigen, nicht giftigen Waaren; das Kraut kann auch auf dem Giftboden lagern. **Abgabe:** Nach Eintragung in's Giftbuch, gegen Giftschein eventuell auch Erlaubnissschein, deutlich signirt mit der Bezeichnung Gift. **Gegengifte:** Brechmittel, Tannin, Kohlepulver, Jodjodkalium, Opium; letztere beiden nur auf ärztliche Verordnung.

Strophanthuspräparate stammen sämmtlich von den Samen verschiedener afrikanischer Strophanthusarten, welche unter der Bezeichnung Semen Strophanthi als wichtige Arzneidroge in den Handel kommen. Dieselben sind bohnengross, flach lanzettlich, mit feinen, weiss bis bräunlich schimmernden Haaren und am einen Ende mit einem Haarschopf besetzt. Sie enthalten das giftige Strophanthin (siehe Seite 43) und werden zur Darstellung desselben in chemischen Fabriken verarbeitet, Ferner stellt man in Apotheken daraus ein Extrakt (Extractum Strophanthi) und eine Tinktur (Tinctura Strophanthi) dar, die fast nur medicinischen Zwecken dienen.

Aufbewahrung: Nach § 2 und 3 des Giftgesetzes, getrennt von den übrigen, nicht giftigen Waaren. **Abgabe:** Nach Eintragung in's Giftbuch, gegen Giftschein eventuell auch Erlaubnissschein, deutlich signirt mit der Bezeichnung Gift.

Sulfonal ist eine chemische Verbindung (Diaethylsulfondimethylmethan), die nur zu wissenschaftlichen und medicinischen Zwecken Anwendung findet. Es bildet farblose, beim Erhitzen schmelzende Krystalle, ohne besonderen Geruch und Geschmack. Als Ableitungen des Sulfonals, welche denselben Bestimmungen des Giftgesetzes unterliegen wie das Sulfonal, sind zu nennen das Trional und das Tetronal. Beide werden nur zu medicinischen oder wissenschaftlichen Zwecken gebraucht.

Aufbewahrung: Nach § 2 und 3 des Giftgesetzes getrennt von den übrigen, nicht giftigen Waaren. **Abgabe:** Nach Eintragung in's Giftbuch, gegen Giftschein eventuell auch Erlaubnissschein, deutlich signirt mit der Bezeichnung Gift. **Gegengifte:** Lauwarme Klystiere, Bettwärme, Aether, Alkoholica.

Thallin ist wie das Sulfonal eine komplicirte chemische Verbindung. Es bildet eine ölige Flüssigkeit, die in der Kälte krystallinisch erstarrt und stark nach Cumarin (Waldmeister) riecht. Dieses reine Thallin findet nur zu wissenschaftlichen Zwecken Anwendung. Als Arzneimittel dagegen waren eine Zeit lang gebräuchlich das schwefelsaure Thallin (Thallinum sulfuricum) und das weinsaure Thallin (Thallinum tartaricum), beides weisse oder gelblich weisse krystallinische Pulver, welche durch den Einfluss des Lichtes sich leicht zersetzen.

Aufbewahrung: Nach § 2 und 3 des Giftgesetzes getrennt von den übrigen, nicht giftigen Waaren; in braunen Gläsern, vor Licht geschützt. **Abgabe:** Nach Eintragung in's Giftbuch, gegen Giftschein eventuell auch Erlaubnissschein, deutlich signirt mit der Bezeichnung Gift. **Gegengifte:** Brechmittel, kalte Abreibungen, frische Luft, Cognac, schwarzer Kaffee, Bettwärme, Hautreize.

Urethane nennt man verschiedene komplicirte chemische Verbindungen, welche nur arzneiliche Verwendung finden. Aethyl-Urethan bildet farblose, in Wasser lösliche Krystalle oder Krystallblättchen.

Aufbewahrung: Nach § 2 und 3 des Giftgesetzes getrennt von den übrigen, nicht giftigen Waaren. **Abgabe:** Nach Eintragung in's Giftbuch, gegen Giftschein eventuell auch Erlaubnissschein, deutlich signirt mit der Bezeichnung Gift.

Wasserschierlingpräparate stammen sämmtlich von dem in Europa einheimischen Wasserschierling (Cicuta virosa), dessen getrocknetes Kraut unter der Bezeichnung Herba Cicutae als Arzneidroge in den Handel kommt. Es enthält das sehr giftige Cicutin und dient zur Darstellung eines Extraktes (Extractum Cicutae virosae). Wasserschierlingpräparate finden nur selten medicinische Anwendung.

Aufbewahrung: Nach § 2 und 3 des Giftgesetzes getrennt von den übrigen, nicht giftigen Waaren; das Kraut kann auch auf dem Giftboden lagern. **Abgabe:** Nach Eintragung in's Giftbuch, gegen Giftschein eventuell auch Erlaubnissschein, deutlich signirt mit der Bezeichnung Gift. **Gegengifte:** Brechmittel, Chloralhydrat, Opium; beides nur auf ärztliche Verordnung.

Zeitlosenpräparate stammen sämmtlich von der in Europa einheimischen Herbstzeitlose (Colchicum antumnale). Die dick eiförmigen Wurzelknollen derselben kommen unter der Bezeichnung Bulbus (Tubera) Colchici als Arzneidroge in den Handel und werden zur Darstellung des sehr giftigen Colchicin (siehe Seite 37) in chemischen Fabriken gebraucht. Man stellt daraus auch ein Extrakt (Extractum Colchici) dar. Die rundlichen, meist etwas kantigen Samen kommen unter der Bezeichnung Semen Colchici als Arzneidroge in den Handel. Auch diese enthalten Colchicin und werden in den Apotheken zu einer Tinktur (Tinctura Colchici) und einem Zeitlosenwein (Vinum Colchici) verarbeitet. Sämmtliche Colchicumpräparate finden fast nur zur Darstellung von Colchicin oder zu medicinischen Zwecken Anwendung.

Aufbewahrung: Nach § 2 und 3 des Giftgesetzes getrennt von den übrigen, nicht giftigen Waaren. **Abgabe:** Nach Eintragung in's Giftbuch, gegen Giftschein eventuell auch Erlaubnissschein, deutlich signirt mit der Bezeichnung Gift. **Gegengifte:** Brechmittel, schleimige Getränke, Bettwärme, Opium; letzteres nur auf ärztliche Verordnung.

Gifte der Abtheilung 3.

Antimonchlorür (Antimonbutter, Chlorantimon, Butyrum Antimonii, Stibium chloratum) ist eine Verbindung von Chlor mit dem Metall Antimon, welche in chemischen Fabriken dargestellt wird. Antimonchlorür kommt in zwei Formen in den Handel, als eine halb feste, krystallinische, butterartige, weisse oder gelbliche Masse oder in Form einer concentrirten Lösung, welche unter der Bezeichnung Liquor Stibii chlorati oder Solutio Stibii chlorati in den Handel kommt. Das halbfeste Präparat raucht an der Luft und zerfliesst sehr bald, weil es begierig Feuchtigkeit anzieht. Beide Präparate sind sehr giftig und bewirken auf der Hand schmerzhafte Aetzungen. Sie werden selten zu medicinischen Zwecken gebraucht, meist in der Technik und den Gewerben, z. B. zum Brüniren des Stahls (von den Büchsenmachern zum Brüniren der Gewehrläufe).

Aufbewahrung: Nach § 2 und 3 des Giftgesetzes getrennt von den übrigen, nicht giftigen Waaren; in sehr gut schliessenden Gefässen. **Abgabe:** An als zuverlässig bekannte Personen nur zu erlaubten Zwecken (§ 12), eventuell gegen Erlaubnissschein, deutlich signirt mit der Bezeichnung Gift in festen, gut schliessenden Gefässen.

Baryumverbindungen (Barytverbindungen), d. h. Körper, welche das metallartige Element Baryum in irgend welcher Form enthalten, sind sämmtlich als Gifte der Abtheilung 3 im Sinne des Giftgesetzes zu betrachten und zu behandeln, mit Ausnahme des ungiftigen Baryumsulfats (Schwerspath, Baryum sulfuricum). Wir werden im Folgenden nur die für die Gewerbe und die Technik wichtigsten derartigen Verbindungen kurz charakterisiren.

Aetzbaryt (Baryumoxyd, Baryum oxydatum) kommt in verschieden reinem Zustande in den Handel, entweder als grauweisses, an der Luft mit Begierde Feuchtigkeit und Kohlensäure anziehendes Pulver, oder in Form von Krystallblättchen, die an der Luft ebenfalls sehr leicht feucht und durch Aufnahme von Kohlensäure matt und weiss werden. Aetzbaryt muss deshalb in besonders gut verschlossenen Gefässen aufbewahrt werden. Er findet zur Darstellung anderer Baryumsalze und zu wissenschaftlichen Zwecken Anwendung.

Baryumsuperoxyd (Baryum hyperoxydatum) ist ein weissgraues, an der Luft beständiges Pulver, welches in grossen Mengen dargestellt und vornehmlich zur Fabrikation des als Bleichmittel und Desinfektionsmittel wichtigen Wasserstoffsuperoxyd gebraucht wird.

Chlorbaryum (Baryumchlorid, Baryum chloratum) bildet schwere, luftbeständige, tafelförmige Krystalle und wird in der chemischen Industrie, in der Thierheilkunde und zu wissenschaftlichen Zwecken gebraucht.

Kohlensaures Baryum (Baryumcarbonat, Baryum carbonicum) bildet ein schweres, weisses Pulver, welches in grossen Mengen zur Darstellung anderer Baryumverbindungen sowie zur Vergiftung von Ratten und Mäusen und zu wissenschaftlichen Zwecken gebraucht wird. Das in der Natur vorkommende kohlensaure Baryum heisst Witherit.

Salpetersaures Baryum (Baryumnitrat, Baryum nitricum) bildet ein weisses, luftbeständiges, krystallinisches Pulver oder farblose Krystalle. Es findet in der chemischen Industrie, zu wissenschaftlichen Zwecken und in grossen Mengen in der Feuerwerkerei (Baryumsalze färben die Flamme grün) Anwendung.

Aufbewahrung: Nach § 2 und 3 des Giftgesetzes getrennt von den übrigen, nicht giftigen Waaren. **Abgabe:** An als zuverlässig bekannte Personen nur zu erlaubten Zwecken (§ 12), eventuell gegen Erlaubnissschein, deutlich signirt mit der Bezeichnung Vorsicht oder (bei Aetzbaryt) Gift. **Gegengifte:** Verdünnte Glaubersalzlösung, Bettruhe, Schwitzen; bei Aetzbaryt Schwefelsäurelimonade (1 : 200).

Bittermandelwasser (Aqua Amygdalarum amararum) wird durch Destillation von bitteren Mandeln, die vorher durch Pressen von fettem Oel befreit sind, mit Wasserdämpfen gewonnen und bildet eine meist etwas trübe, stark nach bitteren Mandeln riechende Flüssigkeit. Es enthält Blausäure und findet fast nur zu medicinischen Zwecken Anwendung. Durch die Einwirkung des Lichtes wird es zersetzt.

Aufbewahrung: Nach § 2 und 3 des Giftgesetzes getrennt von den übrigen, nicht giftigen Waaren; in braunen Flaschen, vor Licht geschützt. **Abgabe:** An als zuverlässig bekannte Personen nur zu erlaubten Zwecken (§ 12), eventuell gegen Erlaubnissschein, deutlich signirt mit der Bezeichnung Gift.

Bleiessig (Bleiextrakt, Acetum Plumbi, Liquor Plumbi subacetici) wird durch Erhitzen von Bleizucker, Bleiglätte und Wasser in Apotheken und chemischen Fabriken dargestellt und bildet eine farblose, vielfach etwas grünlich schimmernde Flüssigkeit von süsslichem, aber stark zusammenziehendem Geschmack. Durch die Einwirkung der Luft bildet sich im Bleiessig kohlensaures Blei, wodurch die Flüssigkeit trübe wird. Bleiessig wird in der Technik zur Firnissbereitung, ferner in der Färberei, in der Zuckerfabrikation und zur Darstellung von Bleiweiss gebraucht, ebenso zu medicinischen Zwecken.

Aufbewahrung: Nach § 2 und 3 des Giftgesetzes getrennt von den übrigen, nicht giftigen Waaren; in sehr gut verschlossenen Gefässen. **Abgabe:** An als zuverlässig bekannte Personen nur zu erlaubten Zwecken (§ 12), eventuell gegen Erlaubnissschein, deutlich signirt mit der Bezeichnung Gift. **Gegengifte:** Brechmittel, Glaubersalz oder Bittersalz, kleine Mengen Opium; letzteres nur auf ärztliche Verordnung.

Bleizucker (essigsaures Blei, Plumbum aceticum) wird in chemischen Fabriken durch Auflösen von Bleiglätte in Holzessig, Reinigen und Abdampfen der Lösung dargestellt und bildet in rohem Zustande ein grünlich- oder bläulichweisses Krystallpulver oder krystallinische Stücke. In reinem Zustande bildet er farblose, nadelförmige Krystalle oder weisse, krystallinische Massen. Bleizucker schmeckt süsslich, nachher aber ekelhaft zusammenziehend. In reinem Zustande findet er zu wissenschaftlichen und medicinischen Zwecken Anwendung. Roher Bleizucker wird in grossen Mengen zur Darstellung von Bleiessig, anderen Bleipräparaten und Bleifarben, auch als trocknender Zusatz (Siccativ) zu fetten Oelen gebraucht.

Aufbewahrung: Nach § 2 und 3 des Giftgesetzes getrennt von den übrigen, nicht giftigen Waaren. **Abgabe:** An als zuverlässig bekannte Personen nur zu erlaubten Zwecken (§ 12), eventuell gegen Erlaubnissschein, deutlich signirt mit der Bezeichnung Gift oder Vorsicht. **Gegengifte:** Wie bei Bleiessig.

Brechwurzelpräparate stammen sämmtlich von der Wurzel eines kleinen, in Mexiko einheimischen Strauches (Psychotria Ipecacuanha), welche unter der Bezeichnung Radix Ipecacuanhae als werthvolle Arzneidroge in den Handel kommt. Dieselbe wird zur Darstellung des Emetins (siehe Seite 34), sowie zu medicinischen Zwecken gebraucht. In den Apotheken macht man daraus ein Extrakt (Extractum Ipecacuanhae), eine Tinktur (Tinctura Ipecacuanhae) und einen Wein (Vinum Ipecacuanhae). Gepulverte Brechwurzel ist mit besonderer Vorsicht zu behandeln, da sie die Schleimhäute von Mund und Nase heftig reizt.

Aufbewahrung: Nach § 2 und 3 des Giftgesetzes getrennt von den übrigen, nicht giftigen Waaren; die ganze Wurzel kann auch auf dem Giftboden lagern. **Abgabe:** An als zuverlässig bekannte Personen nur zu erlaubten Zwecken (§ 12), eventuell gegen Erlaubnissschein, deutlich signirt.

Goldsalze. Sämmtliche Goldsalze sind giftig. Von allgemeinem Interesse sind jedoch nur wenige.

Goldchlorid (Chlorgold, Aurum chloratum) wird dargestellt, indem man metallisches Gold in einer Mischung aus Salzsäure und Salpetersäure löst und die Lösung eindampft. Es kommt in zwei Variationen in den Handel, je nachdem es mehr oder weniger Salzsäure eingeschlossen enthält. Das gelbe Goldchlorid bildet feine, spiessige Krystalle. Das braune Goldchlorid bildet braunrothe, spiessige Krystalle oder braunrothe Massen; beide Modifikationen ziehen äusserst leicht Wasser an und zerfliessen an der Luft. Auf der Haut bewirken sie schmerzhafte Aetzungen. Sie werden vornehmlich zum Vergolden, zum Tönen photographischer Bilder und zu wissenschaftlichen Zwecken gebraucht, nur selten zu medicinischen Zwecken.

Aufbewahrung: Nach § 2 und 3 des Giftgesetzes getrennt von den übrigen, nicht giftigen Waaren; in sehr gut schliessenden, am besten mit Paraffin übergossenen Gläsern. **Abgabe:** An als zuverlässig bekannte Personen nur zu erlaubten Zwecken (§ 12), eventuell gegen Erlaubnissschein, deutlich signirt mit der Bezeichnung Gift; entweder in zugeschmolzenen Glasröhren oder in Glasstöpselgläsern, die man noch mit Paraffin zugiesst oder mit Blase überbindet. **Gegengifte:** Eiweiss, schleimige Getränke, Citronenlimonade, Opium; letzteres nur auf ärztliche Verordnung.

Goldchloridchlornatrium (Auronatrium chloratum) wird dargestellt aus chemisch reinem Kochsalz (Chlornatrium) und Goldchlorid und bildet orangegelbe, an der Luft leicht feucht werdende Krystalle oder ein krystallinisches Pulver. Diesem ganz ähnlich ist das Goldchloridchlorkalium (Aurokalium chloratum), welches aus Goldchlorid und Chlorkalium dargestellt wird. Beide finden etwa dieselbe Anwendung wie das Goldchlorid.

Aufbewahrung: Nach § 2 und 3 des Giftgesetzes getrennt von den übrigen, nicht giftigen Waaren; in sehr gut schliessenden Gläsern. **Abgabe:** An als zuverlässig bekannte Personen nur zu erlaubten Zwecken (§ 12), eventuell gegen Erlaubnissschein, deutlich signirt mit der Bezeichnung Gift. **Gegengifte:** Wie bei Goldchlorid.

Jod (Jodum) ist ein äusserlich den Metallen ähnliches chemisches Element, welches in chemischen Fabriken aus jodhaltigen Salzen und jodhaltigen Vegetabilien (Seetang) dargestellt wird. Es bildet schwarzgraue, mettallisch glänzende, schwere Blättchen von krystallinischer Struktur, die an der Luft langsam verdunsten und violette bis braune, die Augen äusserst heftig reizende und sämmtliche Gegenstände der Umgebung stark angreifende Dämpfe bilden. Es wird in der chemischen Industrie, sowie zu wissenschaftlichen und medicinischen Zwecken gebraucht. Eine Lösung von reinem Jod in Alkohol bildet unter der Bezeichnnng Jodtinktur (Tinctura Jodi) ein wichtiges Arzneimittel und wird auch zu wissenschaftlichen Zwecken gebraucht.

Aufbewahrung: Nach § 2 und 3 des Giftgesetzes getrennt von den übrigen, nicht giftigen Waaren; in gut schliessenden Glas- oder Steingutgefässen, die man am besten noch in ein anderes Gefäss setzt, damit die etwa entweichenden Dämpfe die umgebenden Gefässe und Utensilien nicht angreifen (Joddämpfe zerstören z. B. jede Farbe, auch die eingebrannte Schrift an Standgefässen etc.). Um die Entwickelung solcher Dämpfe zu verhindern. empfiehlt es sich, das Jod möglichst kühl aufzubewahren. **Abgabe:** An als zuverlässig bekannte Personen nur zu erlaubten Zwecken (§ 12), eventuell gegen Erlaubnissschein, deutlich signirt in sehr gut verschlossenen Gefässen mit der Bezeichnung Gift. **Gegen-**

gifte: Dünner Stärkekleister, Lösung von Natriumthiosulfat (2 : 150), schleimige Getränke.

Jodpräparate. Als solche sind sämmtliche Jodverbindungen zu betrachten, die also alle als Gifte der Abtheilung 3 zu behandeln sind. Nur der Jodschwefel und das zuckerhaltige Eisenjodür (Ferrum jodatum saccharatum) sind ausdrücklich als ungiftig bezeichnet.

Aufbewahrung: Nach § 2 und 3 des Giftgesetzes getrennt von den übrigen, nicht giftigen Waaren; in braunen, sehr gut verschlossenen Gläsern vor Licht geschützt. **Abgabe:** An als zuverlässig bekannte Personen nur zu erlaubten Zwecken (§ 12), eventuell gegen Erlaubnissschein, deutlich signirt, in braunen Gläsern mit der Bezeichnung Gift.

Wir besprechen im Folgenden nur die wichtigsten im Handel befindlichen Jodpräparate, die alle in chemischen Fabriken dargestellt werden.

Jodammonium (Ammonium jodatum) bildet ein krystallinisches, weisses, an der Luft leicht feucht werdendes und durch das Licht unter Gelb- oder Braunfärbung sich zersetzendes Salz, welches in der Photographie, selten zu medicinischen Zwecken Anwendung findet.

Aufbewahrung: Nach § 2 und 3 des Giftgesetzes getrennt von den übrigen nicht giftigen Waaren; in braunen Gläsern trocken und vor Licht geschützt. **Abgabe:** An als zuverlässig bekannte Personen nur zu erlaubten Zwecken (§ 12), eventuell gegen Erlaubnissschein, deutlich signirt mit der Bezeichnung Vorsicht oder Gift.

Jodblei (Plumbum jodatum), ein schweres, gelbes, geruch- und geschmackloses Pulver, welches sich durch das Tageslicht bräunt und zu wissenschaftlichen und medicinischen Zwecken Anwendung findet.

Aufbewahrung: Nach § 2 und 3 des Giftgesetzes getrennt von den übrigen, nicht giftigen Waaren; in braunen Gläsern vor Licht geschützt. **Abgabe:** An als zuverlässig bekannte Personen nur zu erlaubten Zwecken (§ 12), eventuell gegen Erlaubnissschein, deutlich signirt mit der Bezeichnung Gift oder Vorsicht.

Jodkadmium (Cadmium jodatum), farblose, perlmutterglänzende, weiche Krystallblättchen, die an der Luft und durch die Einwirkung des Lichtes sich leicht gelb oder braun färben. Jodkadmium findet zu wissenschaftlichen Zwecken und in der Photographie Anwendung.

Aufbewahrung: Nach § 2 und 3 des Giftgesetzes getrennt von den übrigen, nicht giftigen Waaren. **Abgabe:** An als zu-

Gifte der Abtheilung 3. 77

verlässig bekannte Personen nur zu erlaubten Zwecken (§ 12), eventuell gegen Erlaubnissschein, deutlich signirt mit der Bezeichnung Gift oder Vorsicht.

Jodkalium (Kalium jodatum), weisse, kleine, würfelförmige, luftbeständige Krystalle, die in grossen Mengen in der chemischen Technik, in der Photographie und in der Medicin Anwendung finden.

Aufbewahrung: Nach § 2 und 3 des Giftgesetzes getrennt von den übrigen, nicht giftigen Waaren; ih sehr gut schliessenden, braunen Flaschen, vor Licht geschützt. **Abgabe:** An als zuverlässig bekannte Personen nur zu erlaubten Zwecken (§ 12), eventuell gegen Erlaubnissschein, deutlich signirt mit der Bezeichnung Gift.

Jodwasserstoffsäure (Acidum hydrojodicum) ist eine wässerige Lösung des stark ätzend wirkenden Jodwasserstoffgases in Wasser und bildet eine der Salzsäure ähnliche, farblose oder schwach gelbliche, stark saure Flüssigkeit, welche durch die Einwirkung von Luft und Licht leicht zersetzt und dann gelb oder braun gefärbt wird. Man braucht sie zu wissenschaftlichen Zwecken und (selten) in der Medicin.

Aufbewahrung: Nach § 2 und 3 des Giftgesetzes getrennt von den übrigen, nicht giftigen Waaren; in sehr gut schliessenden, braunen Flaschen vor Licht geschützt. **Abgabe:** An als zuverlässig bekannte Personen nur zu erlaubten Zwecken (§ 12), eventuell gegen Erlaubnissschein, deutlich signirt mit der Bezeichnung Gift.

Jodoform ist eine jodhaltige chemische Verbindung, welche goldgelbe, glänzende, durchdringend riechende, luftbeständige, kleine Krystallblättchen bildet und nur zu wissenschaftlichen und medicinischen Zwecken Anwendung findet.

Aufbewahrung: Nach § 2 und 3 des Giftgesetzes getrennt von den übrigen, nicht giftigen Waaren; des Geruches wegen in sehr gut schliessenden Gefässen. **Abgabe:** An als zuverlässig bekannte Personen nur zu erlaubten Zwecken (§ 12), eventuell gegen Erlaubnissschein, deutlich signirt mit der Bezeichnung Gift oder Vorsicht.

Kadmiumpräparate werden sämmtlich aus dem dem Zinn im Aeusseren sehr ähnlichen Kadmiummetall dargestellt. Dieses kommt meist in Form von fingerdicken Stangen in den Handel und wird als Nebenprodukt bei der Darstellung von Zink gewonnen. Es dient zur Darstellung verschiedener leicht schmelzbarer Legirungen (z. B. mit Zinn, Blei und Wismuth), sowie zur Darstellung verschiedener Kadmiumverbindungen.

Aufbewahrung: Nach § 2 und 3 des Giftgesetzes getrennt von den übrigen, nicht giftigen Waaren. **Abgabe:** An als zuverlässig bekannte Personen nur zu erlaubten Zwecken (§ 12), eventuell gegen Erlaubnissschein, deutlich signirt mit der Bezeichnung Vorsicht, obgleich mit diesem Metall kaum irgend welcher Schaden angerichtet werden kann.

Bromkadmium (Cadmium bromatum) bildet farblose, feine, nadelförmige Krystalle, die an der Luft leicht verwittern. Es wird zu wissenschaftlichen Zwecken und in der Photographie gebraucht.

Aufbewahrung: Nach § 2 und 3 des Giftgesetzes getrennt von den übrigen, nicht giftigen Waaren; in gut schliessenden Gläsern. **Abgabe:** An als zuverlässig bekannte Personen nur zu erlaubten Zwecken (§ 12), eventuell gegen Erlaubnissschein, deutlich signirt mit der Bezeichnung Gift oder Vorsicht.

Schwefelsaures Kadmium (Kadmiumsulfat, Cadmium sulfuricum) bildet schwere, farblose, an der Luft verwitternde Krystalle und findet fast nur zu wissenschaftlichen und medicinischen Zwecken Anwendung.

Aufbewahrung: Nach § 2 und 3 des Giftgesetzes getrennt von den übrigen, nicht giftigen Waaren. **Abgabe:** An als zuverlässig bekannte Personen nur zu erlaubten Zwecken (§ 12), eventuell gegen Erlaubnissschein, deutlich signirt mit der Bezeichnung Gift oder Vorsicht.

Kalilauge (Liquor Kali caustici) nennt man jede Lösung von Aetzkali (siehe Seite 81) in Wasser oder Alkohol. In der Technik bedient man sich meist der wässerigen Kalilauge. Dieselbe bildet, wenn sie aus reinem Aetzkali dargestellt wurde, eine farblose, wenn sie aus rohem Aetzkali bereitet wurde, eine gelbe bis braune, schwere Flüssigkeit welche die Haut schmerzhaft ätzt, Gewebe weich und zerreissbar macht, Papier in eine weiche, widerstandslose Masse verwandelt, Holz auflockert und ebenfalls erweicht und überhaupt alle organischen Körper mehr oder weniger angreift. Man hüte sich beim Hantiren mit Kalilauge vor dem Verspritzen ins Gesicht und entferne etwa vergossene Mengen sofort durch viel Wasser. Kalilauge findet in der chemischen Industrie, der Technik und in der Seifensiederei ausgedehnte

Verwendung; im Haushalte hin und wieder (stark verdünnt) als Waschmittel. Kalilauge, welche weniger als fünf Proc. Aetzkali enthält, ist nicht mehr als Gift zu betrachten und unterliegt den Bestimmungen des Giftgesetzes nicht.

Aufbewahrung: Nach § 2 und 3 des Giftgesetzes getrennt von den übrigen, nicht giftigen Waaren. Die Vorrathsgefässe dürfen radirte oder geätzte Schrift tragen. **Abgabe:** An als zuverlässig bekannte Personen nur zu erlaubten Zwecken (§ 12), eventuell gegen Erlaubnissschein, deutlich signirt mit der Bezeichnung Gift.

Kalium ist ein wachsweiches, metallisch glänzendes Element, welches in Form von etwa haselnussgrossen rundlichen Stücken in den Handel kommt. Diese Stücke sehen in Folge des Einflusses des Luftsauerstoffes in der Regel graubraun aus, zeigen auf der Schnittfläche aber den charakteristischen Metallglanz. Das Kalium verbindet sich nämlich äusserst energisch mit dem Sauerstoff der Luft, und ebenso energisch zersetzt es das Wasser, wobei es Aetzkali bildet, welches sich sofort im Wasser löst, so dass sich schliesslich eine verdünnte Kalilauge bildet. Wirft man ein kleines Stückchen Kali auf Wasser, so geht diese Zersetzung sofort unter Feuererscheinung vor sich. Man hüte sich deshalb, trockenes Kalium mit den Fingern, oder gar mit feuchten Fingern anzufassen. Dasselbe ist stets mit einer Zange oder einem Metalllöffel umzufüllen und darf nie längere Zeit an der Luft liegen bleiben. Metallisches Kalium wird in chemischen Fabriken dargestellt und im wesentlichen zu wissenschaftlichen Zwecken gebraucht.

Aufbewahrung: Nach § 2 und 3 des Giftgesetzes getrennt von den übrigen, nicht giftigen Waaren. Wegen der grossen Verwandtschaft, welche das Kalium zu dem Sauerstoff der Luft und zum Wasser besitzt, muss dasselbe in einer Flüssigkeit aufbewahrt werden, welche diese beiden Stoffe ausschliesst. Man bewahrt Kalium deshalb in Petroleum oder sogen. rohem Steinöl auf. Es muss stets von dem Oele bedeckt sein. **Abgabe:** An als zuverlässig bekannte Personen nur zu erlaubten Zwecken (§ 12), eventuell gegen Erlaubnissschein, deutlich signirt mit der Bezeichnung Gift, in gut schliessenden, mit Petroleum oder Steinöl gefüllten Gefässen.

Kaliumbichromat (rothes chromsaures Kalium, Kalium bichromicum) ist eine Verbindung des Kaliums mit Chromsäure, die in chemischen Fabriken dargestellt wird. Es bildet grosse, gelbrothe Krystalle (in reinem Zustande feine Krystallnadeln) oder ein dunkel orangerothes Pulver. In grossen Mengen wird das rohe und das reine Kaliumbichromat in der chemischen Industrie, in der Alizarinfarbenfabrikation, in der Tintenfabrikation, zur Lithographie, zur Darstellung von Chromleim und zur Füllung galvanischer Elemente verwendet, nur selten in der Medicin als Aetzmittel.

Aufbewahrung: Nach § 2 und 3 des Giftgesetzes getrennt von den übrigen, nicht giftigen Waaren. **Abgabe:** An als zuverlässig bekannte Personen nur zu erlaubten Zwecken (§ 12), eventuell gegen Erlaubnissschein, deutlich signirt mit der Bezeichnung Gift oder Vorsicht. **Gegengifte:** Gebrannte Magnesia mit Wasser, Sodalösung.

Kaliumbioxalat (Kleesalz, Oxalium, Kali bioxalicum) ist eine Verbindung der Oxalsäure (siehe Seite 63) mit Kalium, die in chemischen Fabriken dargestellt wird. Es bildet entweder weisse, undurchsichtige Krystallnadeln oder ein weisses Pulver, dessen Staub die Schleimhäute angreift und zum Niesen reizt. Das Kleesalz findet vielfach Anwendung in der Zeugdruckerei, zur Entfernung von Tinten- und Rostflecken und zu anderen gewerblichen Zwecken.

Aufbewahrung: Nach § 2 und 3 des Giftgesetzes getrennt von den übrigen, nicht giftigen Waaren. **Abgabe:** An als zuverlässig bekannte Personen nur zu erlaubten Zwecken (§ 12), eventuell gegen Erlaubnissschein, deutlich signirt mit der Bezeichnung Vorsicht oder Gift. **Gegengifte:** Kalkwasser, Kreide, Zuckerkalk.

Kaliumchlorat (chlorsaures Kali, Kali chloricum), eine in chemischen Fabriken dargestellte Verbindung von Chlor, Sauerstoff und Kalium, die als luftbeständige, farblose glänzende schuppenförmige Krystalle oder als weisses Pulver in den Handel kommt. Das chlorsaure Kali ist in Verbindung mit leicht entzündlichen organischen Stoffen ein gefährlicher Sprengstoff und wird in der Sprengstoff-Industrie in grossen Mengen verarbeitet. Ferner findet es in der Zeugdruckerei, in der Zündholzfabrikation, der chemischen Industrie, sowie zu wissenschaftlichen und medicinischen Zwecken ausgedehnte Verwendung. Man hüte sich, chlorsaures Kali mit Kohle, Schwefel und anderen leicht entzündbaren

Gifte der Abtheilung 3.

Körpern zusammen zu reiben! Explosionen sind hierbei nicht ausgeschlossen. Ebenso ist grösste Vorsicht beim Mischen von Buntfeuer und Feuerwerkskörpern mit chlorsaurem Kali geboten.

Aufbewahrung: Nach § 2 und 3 des Giftgesetzes getrennt von den übrigen, nicht giftigen Waaren. **Abgabe:** An als zuverlässig bekannte Personen nur zu erlaubten Zwecken (§ 12), eventuell gegen Erlaubnissschein, deutlich signirt mit der Bezeichnung Vorsicht oder Gift. **Gegengifte:** Harntreibende Mittel, Schwitzen, doppeltkohlensaures Natron.

Kaliumchromat (gelbes, chromsaures Kali, Kaliumchromat, Kalium chromicum), eine dem Kaliumbichromat (siehe Seite 79) ähnliche Verbindung, die in chemischen Fabriken dargestellt wird. Es bildet kleine gelbe, luftbeständige Krystalle oder ein tiefgelbes krystallinisches Pulver, und findet vornehmlich in der Färberei und in der Tintenfabrikation Anwendung.

Aufbewahrung: Nach § 2 und 3 des Giftgesetzes getrennt von den übrigen, nicht giftigen Waaren. **Abgabe:** An als zuverlässig bekannte Personen nur zu erlaubten Zwecken (§ 12), eventuell gegen Erlaubnissschein, deutlich signirt mit der Bezeichnung Gift oder Vorsicht.

Kaliumhydroxyd (Aetzkali, Kali causticum), ist eine Verbindung des metallischen Elements Kalium (siehe Seite 79) mit Wasser, die in grossen Mengen in chemischen Fabriken gewonnen wird. Es kommt entweder in grossen, strahlig krystallinischen Stücken oder Blöcken, oder in Tafeln und kleineren flachen Stücken oder in fingerdicken Stangen oder als Pulver in den Handel und sieht je nach seiner Reinheit schmutzig grau bis rein weiss aus. Das Aetzkali zieht aus der Luft begierig Wasser an, wird dann feucht und schlüpfrig und bildet dann eine koncentrirte Kalilauge, die äusserst ätzend auf alle organischen Stoffe einwirkt. Beim Zerkleinern der Stücke hüte man sich, dass keine Splitter in das Gesicht und ins Auge fliegen. Das kleinste Stückchen würde äusserst schmerzhafte und gefährliche Aetzungen hervorrufen. Man fasse das Aetzkali möglichst wenig mit den Fingern an und beseitige jede Spur etwa verschütteten Aetzkalis mit viel Wasser. Das Aetzkali findet in grossen Mengen zur Darstellung von Kalilauge Anwendung, ferner in der chemischen

Industrie, der Seifenfabrikation und zu wissenschaftlichen Zwecken.

Aufbewahrung: Nach § 2 und 3 des Giftgesetzes getrennt von den übrigen, nicht giftigen Waaren. Das Aetzkali in Stücken bewahrt man am besten in festen Kruken auf, da Glasgefässe durch die Stücke leicht durchgeschlagen werden. Stangen- und pulverförmiges Aetzkali können in Gläsern aufbewahrt werden. Jedenfalls müssen sämmtliche Gefässe trocken sein, sehr gut verschlossen und wenn möglich mit Paraffin zugegossen werden.

Abgabe: An als zuverlässig bekannte Personen nur zu erlaubten Zwecken (§ 12), eventuell gegen Erlaubnissschein, deutlich signirt in trockenen, sehr gut verschlossenen Gefässen mit der Bezeichnung Gift.

Karbolsäure (Acidum carbolicum) nennt man einen Bestandtheil des Steinkohlentheers, welcher aus diesem in chemischen Fabriken gewonnen und in verschiedenen Graden der Reinheit in den Handel gebracht wird. Rohe Karbolsäure bildet eine gelbbraune oder braunschwarze, ölige Flüssigkeit von unangenehmem theerartigen Geruch. Sie dient zur Darstellung der reinen Karbolsäure, sowie als Rohdesinfektionsmittel für Aborte, Ställe u. dergl., zur Darstellung von Karbolkalk und Karbolstreupulver, zum Konserviren von Fellen, zum Imprägniren von Holz etc. Reine Karbolsäure (Phenol) bildet feine, weisse Krystallnadeln oder eine weisse, krystallinische Masse, die sich leicht schmelzen lässt und meist in geschmolzenem Zustande in Flaschen gefüllt wird, um in diesen wieder zu erstarren. Sie wird in grossen Mengen in der chemischen Industrie (z. B. zur Darstellung von Salicylsäure), zu wissenschaftlichen und zu medicinischen Zwecken gebraucht, auch zur Darstellung von karbolsauren Salzen, die ebenfalls medicinische Verwendung finden. Mischt man die krystallinische Karbolsäure in geschmolzenem Zustande mit 10 Proc. Wasser, so bleibt sie flüssig. Diese flüssige Karbolsäure findet etwa dieselbe Anwendung wie die krystallisirte, meist wird sie als Desinfektionsmittel gebraucht, und zwar in starker Verdünnung, als sogen. Karbolwasser. — Die Karbolsäure, zumal die reine, ist sehr giftig und bringt auf der Haut schmerzhafte Aetzungen hervor. Man hüte sich beim Schmelzen vor dem Einathmen der Dämpfe und beim Umfüllen vor dem Verspritzen.

Gifte der Abtheilung 3.

Aufbewahrung: Nach § 2 und 3 des Giftgesetzes getrennt von den übrigen, nicht giftigen Waaren. Krystallisirte Karbolsäure bewahrt man am besten in sehr gut gereinigten dunklen Glasflaschen auf, grössere Vorräthe in verzinkten Eisenblechkannen. Weissblechgefässe eignen sich weniger gut dazu, da in ihnen die Säure schneller sich roth färbt als in anderen Gefässen. Die Vorräthe müssen kühl lagern, damit die Säure nicht schmilzt. **Abgabe:** An als zuverlässig bekannte Personen nur zu erlaubten Zwecken (§ 12), eventuell gegen Erlaubnissschein, deutlich signirt in starken, sehr gut verschlossenen Glas- oder Metallgefässen mit der Bezeichnung Gift. **Gegengifte:** Brechmittel, Zuckerkalk, Kalkwasser, Magnesiamixtur, Milch, Eiweiss, später Natriumsulfat.

Karbolsäurelösungen, welche nur 3 Proc. oder weniger reine Karbolsäure enthalten, unterliegen den Bestimmungen des Giftgesetzes nicht. Dessen ungeachtet empfiehlt es sich, dieselben mit einiger Vorsicht zu behandeln und bei der Abgabe als „äusserlich" zu gebrauchendes Präparat zu kennzeichnen.

Kirschlorbeerwasser (Aqua Lauro-Cerasi) wird durch Destillation der Blätter des in den Mittelmeerländern einheimischen Kirschlorbeers (Prunus laurocerasus) mit Wasser dargestellt und findet wegen seines Gehaltes an Blausäure und Kirschlorbeeröl hin und wieder medicinische Anwendung.

Aufbewahrung: Nach § 2 und 3 des Giftgesetzes getrennt von den übrigen, nicht giftigen Waaren, kühl in dunklen Flaschen vor Licht geschützt. **Abgabe:** An als zuverlässig bekannte Personen nur zu erlaubten Zwecken (§ 12), eventuell gegen Erlaubnissschein, deutlich signirt mit der Bezeichnung Gift. **Gegengifte:** Wie bei Cyanwasserstoffsäure (Seite 31).

Koffeïn (Coffeïnum) ist eine Pflanzenbase und der anregend wirkende Bestandtheil des Kaffees. Es bildet feine, seidenweiche, weisse Krystallnadeln von sehr bitterem Geschmack und wird nur zu wissenschaftlichen und medicinischen Zwecken gebraucht. Dasselbe ist der Fall mit den Salzen und Verbindungen des Koffeïns.

Aufbewahrung: Nach § 2 und 3 des Giftgesetzes getrennt von den übrigen, nicht giftigen Waaren. **Abgabe:** An als zuverlässig bekannte Personen nur zu erlaubten Zwecken (§ 12), eventuell gegen Erlaubnissschein, deutlich signirt mit der Bezeichnung Vorsicht oder Gift. **Gegengifte:** Brechmittel, Hautreize, Schwitzen, Einathmen von fünf Tropfen Amylnitrit, Bettwärme, Morphium; letzteres nur auf ärztliche Verordnung.

Koloquinthenpräparate werden sämmtlich aus den geschälten Früchten eines in Nordafrika einheimischen Gurkengewächses (Citrullus Colocynthis), welche unter der Bezeichnung Fructus Colocynthidis als Rohdroge in den Handel kommen, dargestellt. Es sind beerenartige, in ihrer Struktur den Apfelsinen ähnliche Früchte mit einer lederartigen Fruchtschale und leichtem, schwammigen Fruchtfleisch, in welchem eine grosse Anzahl weisser, den Apfelkernen ähnlicher Samen eingebettet liegen. Sämmtliche Theile der Koloquinthen enthalten einen Bitterstoff (Colocynthin) und schmecken äusserst bitter. Die Koloquinthen finden zur Vertilgung von Ungeziefer (siehe Seite 122), selten medicinische Anwendung. In den Apotheken stellt man aus den von den Samen befreiten Koloquinthen ein Extrakt (Extractum Colocynthidis) und eine Tinktur (Tinctura Colocynthidis) dar.

Aufbewahrung: Nach § 2 und 3 des Giftgesetzes getrennt von den übrigen, nicht giftigen Waaren. **Abgabe:** An als zuverlässig bekannte Personen nur zu erlaubten Zwecken (§ 12), eventuell gegen Erlaubnissschein, deutlich signirt mit der Bezeichnung Vorsicht oder Gift. **Gegengifte:** Brechmittel, schleimige Getränke, Wein, Opium; letzteres nur auf ärztliche Verordnung.

Kreosot (Creosotum) ist eine aus dem Holztheer gewonnene farblose bis schwachgelbe Flüssigkeit von eigenthümlichem brenzlichen Geruch und den desinficirenden Eigenschaften der verdünnten reinen Karbolsäure. Sie wirkt in koncentrirtem Zustande ätzend, ist aber nicht so giftig wie die Karbolsäure und wird in grossen Mengen zu medicinischen Zwecken gebraucht. Ebenso findet Kreosot zur Darstellung von Guajakol und anderen wissenschaftlich und medicinisch wichtigen Körpern Anwendung; in der Technik als Konservirungsmittel etc.

Aufbewahrung: Nach § 2 und 3 des Giftgesetzes getrennt von den übrigen, nicht giftigen Waaren. **Abgabe:** An als zuverlässig bekannte Personen nur zu erlaubten Zwecken (§ 12), eventuell gegen Erlaubnissschein, deutlich signirt mit der Bezeichnung Gift. **Gegengifte:** Wie bei Karbolsäure.

Kresole nennt man Verbindungen der Karbolsäure, welche ebenso wie diese aus dem Steinkohlentheer gewonnen werden. In rohem Zustande kommen dieselben als Rohkresol (Cresolum crudum) in den Handel. Dasselbe bildet eine

Gifte der Abtheilung 3.

ölartige, klare, gelbe oder bräunliche Flüssigkeit von brenzlichem Geruch und wird als Desinfektionsmittel ebenso gebraucht, wie die rohe Karbolsäure, in grossen Mengen z. B. in Form einer Lösung von Schmierseife in Kresol, die unter der Bezeichnung Kresolseifenlösung (Liquor cresoli saponatus) in den Handel kommt. In der Technik werden die rohen Kresole in grossen Mengen zum Imprägniren von Holz, besonders Eisenbahnschwellen, gebraucht, ferner zur Darstellung von Desinfektionsmitteln der verschiedensten Art.

Aufbewahrung: Nach § 2 und 3 des Giftgesetzes getrennt von den übrigen, nicht giftigen Waaren. **Abgabe:** An als zuverlässig bekannte Personen nur zu erlaubten Zwecken (§ 12), eventuell gegen Erlaubnissschein, deutlich signirt mit der Bezeichnung Gift. **Gegengifte:** Wie bei Karbolsäure.

Kupferverbindungen, welcher Art dieselben auch seien, sind sämmtlich giftig und als Gifte der Abtheilung 3 im Sinne des Giftgesetzes zu betrachten. Wir erwähnen im Folgenden nur die im Handel am häufigsten vorkommenden Kupfersalze.

Grünspan (Aerugo) ist eine Verbindung, welche im wesentlichen aus essigsaurem Kupfer besteht und sich hin und wieder auf Kupfergegenständen durch Einwirkung der atmosphärischen Luft und saurer Flüssigkeiten von selbst bildet. Er wird auch in chemischen Fabriken dargestellt und bildet dann grüne oder blaugrüne, schwere, harte Massen, die sich schwer pulvern lassen. Grünspan findet selten medicinische Anwendung, in viel grösserem Maasse wird er zu technischen Zwecken, zu Metallbeizen, galvanischen Bädern und als Ungeziefermittel gebraucht.

Aufbewahrung: Nach § 2 und 3 des Giftgesetzes getrennt von den übrigen, nicht giftigen Waaren. **Abgabe:** An als zuverlässig bekannte Personen nur zu erlaubten Zwecken (§ 12), eventuell gegen Erlaubnissschein, deutlich signirt mit der Bezeichnung Gift oder Vorsicht. **Gegengifte:** Eisenpulver, Eiweiss.

Kupferacetat (essigsaures Kupfer, Cuprum aceticum) ist eine dem Grünspan ähnliche Verbindung der Essigsäure mit Kupfer, die nur in chemischen Fabriken dargestellt wird. Es bildet blaugrüne Krystalle von ekelhaft metallischem Geschmack und wird zu wissenschaftlichen und medicinischen Zwecken gebraucht, am meisten jedoch in der

Technik beim Zeugdruck, in der Färberei und zur Darstellung des Schweinfurter Grün.

Aufbewahrung: Nach § 2 und 3 des Giftgesetzes getrennt von den übrigen, nicht giftigen Waaren, in gut verschlossenen Gefässen. **Abgabe:** An als zuverlässig bekannte Personen nur zu erlaubten Zwecken (§ 12), eventuell gegen Erlaubnissschein, deutlich signirt mit der Bezeichnung Gift oder Vorsicht. **Gegengifte:** Wie bei Grünspan.

Kupferchlorür (Cuprum chloratum album), eine Verbindung des Kupfers mit Chlor, die in chemischen Fabriken dargestellt wird und weisse, schwere Massen bildet, die sich an der Luft leicht grün färben. Es wird in der Gasanalyse gebraucht.

Aufbewahrung: Nach § 2 und 3 des Giftgesetzes getrennt von den übrigen, nicht giftigen Waaren. **Abgabe:** An als zuverlässig bekannte Personen nur zu erlaubten Zwecken (§ 12), eventuell gegen Erlaubnissschein, deutlich signirt mit der Bezeichnung Gift oder Vorsicht. **Gegengifte:** Wie bei Grünspan.

Kupferchlorid (Cuprum bichloratum) ist ebenfalls eine Verbindung des Kupfers mit Chlor, die grüne Krystalle oder Krystallklumpen bildet, die leicht Feuchtigkeit anziehen und an der Luft zerfliessen. Es wird zu technischen und wissenschaftlichen Zwecken, selten in der Medicin gebraucht.

Aufbewahrung: Nach § 2 und 3 des Giftgesetzes getrennt von den übrigen, nicht giftigen Waaren, in sehr gut verschlossenen Gefässen, vor Feuchtigkeit geschützt. **Abgabe:** An als zuverlässig bekannte Personen nur zu erlaubten Zwecken (§ 12), eventuell gegen Erlaubnissschein, deutlich signirt mit der Bezeichnung Gift oder Vorsicht. **Gegengifte:** Wie bei Grünspan.

Kupferkarbonat (Cuprum carbonicum) ist kohlensaures Kupfer, welches in chemischen Fabriken dargestellt wird und ein leichtes, grünlichblaues Pulver bildet. Es wird zu wissenschaftlichen Zwecken und zur Darstellung anderer Kupferverbindungen, sowie blauer Feuerwerkssätze und in der Farbentechnik gebraucht.

Aufbewahrung: Nach § 2 und 3 des Giftgesetzes getrennt von den übrigen, nicht giftigen Waaren. **Abgabe:** An als zuverlässig bekannte Personen nur zu erlaubten Zwecken (§ 12) eventuell gegen Erlaubnissschein, deutlich signirt mit der Bezeichnung Gift oder Vorsicht. **Gegengifte:** Wie bei Grünspan.

Kupferoxyd (Cuprum oxydatum), eine Verbindung

Gifte der Abtheilung 3.

von Kupfer mit Sauerstoff, bildet ein feines, tiefschwarzes, geruch- und geschmackloses Pulver, welches zu wissenschaftlichen Zwecken, selten in der Medicin Anwendung findet. Technisch wird es in der Feuerwerkerei (zu Blaufeuer) gebraucht.

Aufbewahrung: Nach § 2 und 3 des Giftgesetzes getrennt von den übrigen, nicht giftigen Waaren. **Abgabe:** An als zuverlässig bekannte Personen nur zu erlaubten Zwecken (§ 12), eventuell gegen Erlaubnissschein, deutlich signirt mit der Bezeichnung Gift oder Vorsicht. **Gegengifte:** Wie bei Grünspan.

Kupfernitrat (salpetersaures Kupfer, Cuprum nitricum) ist eine Verbindung von Kupfer mit Salpetersäure, welche tiefblaue spiessige Krystalle oder Krystallmassen bildet, die leicht Feuchtigkeit anziehen und an der Luft zerfliessen. Es wird zur Darstellung von Kupferoxyd, zu Broncirflüssigkeiten, in der Kattundruckerei und in der Färberei gebraucht.

Aufbewahrung: Nach § 2 und 3 des Giftgesetzes getrennt von den übrigen, nicht giftigen Waaren, in gut schliessenden Gefässen, vor Feuchtigkeit geschützt. **Abgabe:** An als zuverlässig bekannte Personen nur zu erlaubten Zwecken (§ 12), eventuell gegen Erlaubnissschein, deutlich signirt mit der Bezeichnung Vorsicht oder Gift. **Gegengifte:** Wie bei Grünspan.

Kupfersulfat (Kupfervitriol, schwefelsaures Kupfer, Cuprum sulfuricum) bildet tief blaue, luftbeständige Krystalle oder Krystallmassen, die sich leicht pulvern lassen und in trockenem Zustande ein hellblaues Pulver liefern. Das Kupfersulfat wird in reinem Zustande zu wissenschaftlichen und medicinischen Zwecken gebraucht. In rohem Zustande findet es vielfach zum Einweichen (Beizen) des Saatgetreides, um es vor Wurmfrass zu schützen, Anwendung; ferner in der Färberei und Druckerei, zum Konserviren von Holz (in wässeriger Lösung), sowie zur Darstellung anderer Kupferverbindungen.

Aufbewahrung: Nach § 2 und 3 des Giftgesetzes getrennt von den übrigen, nicht giftigen Waaren. **Abgabe:** An als zuverlässig bekannte Personen nur zu erlaubten Zwecken (§ 12), eventuell gegen Erlaubnissschein, deutlich signirt mit der Bezeichnung Gift oder Vorsicht. **Gegengifte:** Wie bei Grünspan.

Lobelienkraut (Herba Lobeliae inflatae). Unter dieser Bezeichnung kommt das getrocknete, blühende Kraut der in Virginien und Kanada einheimischen Lobelia inflata als Arzneidroge in den Handel, aus welcher in den Apotheken eine Tinktur (Tinctura Lobeliae inflatae) dargestellt wird. Das Kraut wird zu Asthmacigarren verwendet. Die Tinktur findet nur medicinische Anwendung.

Aufbewahrung: Nach § 2 und 3 des Giftgesetzes getrennt von den übrigen, nicht giftigen Waaren; das unzerkleinerte Kraut kann auch auf dem Giftboden lagern. **Abgabe:** An als zuverlässig bekannte Personen nur zu erlaubten Zwecken (§ 12), eventuell gegen Erlaubnissschein, deutlich signirt mit der Bezeichnung Vorsicht oder Gift. **Gegengifte:** Tannin, künstliche Athmung, Jodjodkalium; letzteres nur auf ärztliche Verordnung.

Meerzwiebelpräparate werden sämmtlich aus den getrockneten und zerschnittenen Zwiebelknollen der in den Mittelmeerländern einheimischen Meerzwiebel (Urginea Scilla) dargestellt, welche unter der Bezeichnung Bulbus Scillae (Radix Scillae) als Arzneidroge in den Handel kommt, meist in Form gelblichweisser, hornartiger Stücke. Die frische Meerzwiebelknolle gilt als ein wirksames Gift gegen Ratten und Mäuse. Die getrocknete Droge findet fast nur zu medicinischen Zwecken Anwendung und wird in den Apotheken zu einem Essig (Acetum Scillae), einem Extrakt (Extractum Scillae) und zu einer Tinktur (Tinctura Scillae) verarbeitet.

Aufbewahrung: Nach § 2 und 3 des Giftgesetzes getrennt von den übrigen, nicht giftigen Waaren, in gut schliessenden Gefässen, vor Feuchtigkeit geschützt. **Abgabe:** An als zuverlässig bekannte Personen nur zu erlaubten Zwecken (§ 12), eventuell gegen Erlaubnissschein, deutlich signirt mit der Bezeichnung Gift oder Vorsicht.

Mutterkornextrakt (Extractum Secalis cornuti, Ergotin) ist ein in Apotheken aus dem Mutterkorn, einer auf dem Roggen vielfach vorkommenden blauschwarzen Pilzwucherung, dargestelltes braunrothes, dickes oder flüssiges Extrakt, welches fast ausschliesslich medicinische Verwendung findet.

Aufbewahrung: Nach § 2 und 3 des Giftgesetzes getrennt von den übrigen, nicht giftigen Waaren. **Abgabe:** An als zuverlässig bekannte Personen nur zu erlaubten Zwecken (§ 12), eventuell gegen Erlaubnissschein, deutlich signirt mit der Bezeichnung Gift. **Gegengifte:** Brech- und Abführmittel, Amylnitrit, Chloralhydrat; letztere beiden nur auf ärztliche Verordnung.

Gifte der Abtheilung 3. 89

Natrium ist ein dem Kalium (siehe Seite 79) ganz ähnliches Element, welches in chemischen Fabriken dargestellt wird und in Form von ziegelsteingrossen Blöcken oder in Stangen oder in kleineren Stücken in den Handel kommt. Es ist weich und zeigt auf dem frischen Durchschnitt metallischen Glanz, bedeckt sich an der Oberfläche aber infolge des Einflusses des Luftsauerstoffes sehr bald mit einer weissen oder grauweissen Oxydschicht. Diese wiederum zieht leicht Feuchtigkeit an und bildet dann das ätzende Aetznatron (siehe weiter unten). Man hüte sich, das metallische Natrium mit Wasser in Berührung zu bringen, da es sich mit diesem unter hoher Wärmeentwickelung zersetzt und Aetznatronlauge bildet. Ebenso hüte man sich, das Natrium mit den Fingern anzufassen. Man bedient sich einer Zange. Das metallische Natrium findet zu wissenschaftlichen Zwecken und in grossen Mengen in der chemischen Industrie und der Technik Anwendung.

Aufbewahrung: Nach § 2 und 3 des Giftgesetzes getrennt von den übrigen, nicht giftigen Waaren, in gut schliessenden Blech- oder Glasgefässen mit Petroleum oder Steinöl oder Paraffinöl bedeckt, damit der Sauerstoff der Luft nicht Zutritt hat. **Abgabe:** An als zuverlässig bekannte Personen nur zu erlaubten Zwecken (§ 12), eventuell gegen Erlaubnissschein, deutlich signirt mit der Bezeichnung Gift, mit Petroleum etc. bedeckt.

Natriumbichromat (doppelt chromsaures Natrium, Natrium dichromicum) ist eine Verbindung der Chromsäure mit Natrium, die in chemischen Fabriken dargestellt wird. Es bildet rothe Krystallnadeln oder krystallinische Massen, die sehr leicht Wasser anziehen und an der Luft zerfliessen. Natriumbichromat findet in der Technik und in der chemischen Industrie verschiedentlich Anwendung.

Aufbewahrung: Nach § 2 und 3 des Giftgesetzes getrennt von den übrigen, nicht giftigen Waaren, trocken in gut schliessenden dichten Fässern, Kruken oder Gläsern. **Abgabe:** An als zuverlässig bekannte Personen nur zu erlaubten Zwecken (§ 12), eventuell gegen Erlaubnissschein, deutlich signirt mit der Bezeichnung Gift, in trockenen, gut schliessenden Gefässen.

Natriumhydroxyd (Aetznatron, Seifenstein, Natrium hydricum) ist eine Verbindung des Natriums mit Wasser, die in grossem Maassstabe in chemischen Fabriken dargestellt wird. In rohem Zustande bildet das Aetznatron weisse oder grau- bis röthlichweisse Klumpen oder kleinere Stücke oder Platten von krystallinischer Struktur. Reines Aetznatron sieht weiss aus und kommt meist in Form von Platten oder kleineren Stücken oder Stengeln oder auch in Pulverform in den Handel. Es zieht leicht Feuchtigkeit an, wird dann schlüpfrig und bildet dann ätzende Natronlauge. Man fasse Aetznatron möglichst wenig mit den Fingern an und hüte sich beim Zerschlagen grösserer Stücke davor, dass Splitter in das Gesicht oder die Augen fliegen, wo dieselben äusserst schmerzhafte Aetzungen hervorrufen. Etwa verschüttete oder versplitterte Theile von Aetznatron beseitige man sorgfältig und wasche dann mit viel Wasser nach. Das Aetznatron wird in rohem Zustande zur Darstellung der Seifensiederlauge, in der Maltechnik zum Auflösen von Lack- und Oelfarbenanstrichen und in der chemischen Industrie vielfach gebraucht. In reinem Zustande dient es zur Darstellung reiner Natronlauge, zu wissenschaftlichen Zwecken, zur Darstellung verschiedener Natriumverbindungen etc.

Aufbewahrung: Nach § 2 und 3 des Giftgesetzes getrennt von den übrigen, nicht giftigen Waaren, in gut schliessenden Gefässen an einem trockenen Orte. Aetznatron in Stücken bewahrt man zweckmässig nicht in Glasgefässen auf, da die Wandungen derselben durch die schweren Stücke leicht durchschlagen werden. **Abgabe:** An als zuverlässig bekannte Personen nur zu erlaubten Zwecken (§ 12), eventuell gegen Erlaubnissschein, deutlich signirt mit der Bezeichnung Gift, in trockenen, gut verschlossenen Gefässen.

Natronlauge (Liquor Natri hydrici) wird dargestellt durch Auflösen von Aetznatron in Wasser. Hierbei findet eine starke Erhitzung statt und hat man sich vor dem Einathmen der ätzenden Laugendämpfe zu hüten. Die Natronlauge bildet je nach der Reinheit des angewendeten Aetznatrons eine schwere farblose oder gelbliche bis gelbbraune Flüssigkeit, die alle organischen Körper, besonders die menschliche Haut, erweicht und schmerzende Aetzwunden bewirkt. Sie findet ausgedehnte Anwendung in der Seifensiederei, in der chemischen Industrie, zu technischen und wissenschaftlichen Zwecken.

Aufbewahrung: Nach § 2 und 3 des Giftgesetzes getrennt von den übrigen, nicht giftigen Waaren. **Abgabe:** An als zuverlässig bekannten Personen nur zu erlaubten Zwecken (§ 12),

Gifte der Abtheilung 3.

eventuell gegen Erlaubnissschein, deutlich signirt mit der Bezeichnung Gift.

Natronlauge, welche nur 5 Proc. Aetznatron oder weniger enthält, ist nicht als Gift im Sinne des Giftgesetzes zu betrachten, aber trotzdem mit einiger Vorsicht aufzubewahren und zu behandeln.

Phenacetin (Para-Acetphenetidin) ist eine komplicirte chemische Verbindung, die nur zu wissenschaftlichen und medicinischen Zwecken Anwendung findet. Es bildet farblose, glänzende Krystallblättchen ohne Geruch und Geschmack.

Aufbewahrung: Nach § 2 und 3 des Giftgesetzes getrennt von den übrigen, nicht giftigen Waaren. **Abgabe:** An als zuverlässig bekannte Personen nur zu erlaubten Zwecken (§ 12), eventuell gegen Erlaubnissschein, deutlich signirt mit der Bezeichnung Gift oder Vorsicht. **Gegengifte:** Brechmittel, kalte Abreibungen, frische Luft, Cognac, schwarzer Kaffee, Bettwärme, Hautreize.

Pikrinsäure (Trinitrophenol, Acidum picrinicum) ist eine chemische Verbindung aus Salpetersäure und Karbolsäure (Phenol), die in chemischen Fabriken dargestellt wird. Sie bildet blassgelbe, feine, schuppenförmige oder säulenförmige Krystalle, die meist etwas nach Nitrobenzol (bittermandelartig) riechen. Nur vollkommen chemisch reine Pikrinsäure ist geruchlos. Sie findet in grossen Mengen in der Färberei Anwendung, ebenso in der Sprengstoffindustrie (besonders zur Darstellung von rauchschwachem Pulver). Ferner wird Pikrinsäure zu wissenschaftlichen und (selten) zu medicinischen Zwecken gebraucht.

Aufbewahrung: Nach § 2 und 3 des Giftgesetzes getrennt von den übrigen, nicht giftigen Waaren, kühl, möglichst feuersicher. Für grössere Vorräthe kommen die gesetzlichen Bestimmungen über die Lagerung von Explosivstoffen in Anwendung. **Abgabe:** An als zuverlässig bekannte Personen nur zu erlaubten Zwecken (§ 12), eventuell gegen Erlaubnissschein, deutlich signirt mit der Bezeichnung Gift oder Vorsicht. **Gegengifte:** Brechmittel, Eiweiss, viel Wasser.

Quecksilberchlorür (Kalomel, Hydrargyrum chloratum) ist eine Verbindung des Quecksilbers mit Chlor, ähnlich dem Quecksilberchlorid (siehe Seite 41), aber nicht so giftig wie dieses. Quecksilberchlorür kommt meist in Form eines sehr schweren, gelblich-weissen Pulvers in den Handel, welches sich am Licht grau färbt (durch Zersetzung in Quecksilber und Quecksilberchlorid) und fast nur zu medicinischen Zwecken Anwendung findet. In nicht gepulvertem Zustande bildet es schwere, strahlig krystallinische Stücke.

Aufbewahrung: Nach § 2 und 3 des Giftgesetzes getrennt von den übrigen, nicht giftigen Waaren, in dunklen Gläsern vor Licht geschützt. **Abgabe:** An als zuverlässig bekannte Personen nur zu erlaubten Zwecken (§ 12), eventuell gegen Erlaubnissschein, deutlich signirt mit der Bezeichnung Gift oder Vorsicht. **Gegengifte:** Bettwärme, Eiweiss, Eisenpulver, Opium; letzteres nur auf ärztliche Verordnung.

Salpetersäure (Scheidewasser, Acidum nitricum) ist im Wesentlichen eine chemische Verbindung aus Stickstoff und Sauerstoff, die in chemischen Fabriken in grossem Maassstabe dargestellt wird und in der chemischen Industrie, der Technik und den Gewerben weitgehende Anwendung findet. Man unterscheidet verschiedene Handelssorten:

Rauchende Salpetersäure (Acidum nitricum fumans) ist die wirksamste und gefährlichste Form der Salpetersäure. Sie bildet eine gelbe bis braunrothe, schwere Flüssigkeit, die an der Luft schwere, erstickende und für den Organismus äusserst giftige, rothe Dämpfe entwickelt und sämmtliche organische Stoffe auflöst bezw. verbrennt oder verkohlt. Mit rauchender Salpetersäure darf nie in geschlossenen Räumen hantirt werden. Man hüte sich beim Abfüllen von rauchender Salpetersäure vor dem Einathmen der rothen Dämpfe und stelle sich so, dass der Wind dieselben abtreibt. Ebenso stelle man Wasser bereit, denn jeder Spritzer, der auf die Haut gelangt, verursacht, wenn er nicht sofort abgespült wird, schmerzhafte Brandwunden. Kleidungsstücke werden sofort durchgebrannt. Ebenso greift rauchende Salpetersäure Metalle und Stein in heftiger Weise an. Jede Spur etwa vergossener Säure ist deshalb sofort mit viel Wasser abzuspülen. Kommt rauchende Salpetersäure mit leicht brennbaren Stoffen (Stroh, Sägespähne, Ballonkörbe) in Berührung, so geht deren Verbrennung nicht selten unter Feuererscheinung vor sich. Rauchende Salpetersäure wird in grossen Mengen in der chemischen Industrie und in der Metallindustrie (als sogen. Brenne) gebraucht.

Gifte der Abtheilung 3.

Aufbewahrung: Nach § 2 und 3 des Giftgesetzes getrennt von den übrigen nicht giftigen Waaren. Rauchende Salpetersäure ist kühl, vollkommen abseits von sämmtlichen anderen Waaren aufzubewahren, etwa mit dem Brom zusammen oder in einer besonderen, für starke Säuren reservirten Abtheilung des Kellers. Dasselbe gilt für kleinere Vorräthe, die man in starke Glasstöpselflaschen füllt und in Kieselguhr, Sand oder Erde einbettet. Die Dämpfe derselben zerstören alle organischen (hölzernen) Geräthschaften und Installationen, greifen Metall und Stein an. **Abgabe:** An als zuverlässig bekannte Personen nur zu erlaubten Zwecken (§ 12), eventuell gegen Erlaubnissschein, deutlich signirt mit der Bezeichnung Gift, in mit Baumwachs oder dergleichen verschmierten, gut schliessenden, festen Glasstöpselflaschen, die man am besten noch in ein Kästchen mit Kieselguhr, Sand oder Erde einbettet. Vom Postverkehr ist rauchende Salpetersäure vollkommen ausgeschlossen!

Koncentrirte, rohe Salpetersäure (Acidum nitricum crudum) ist eine zwar etwas schwächere, in Bezug auf ihre Wirkung auf alle organischen Stoffe aber ebenso gefährliche Säure wie die vorher erwähnte, rauchende Salpetersäure. Sie bildet eine mehr oder weniger gelbe Flüssigkeit und ist mit denselben Vorsichtsmassregeln zu behandeln wie die rauchende Salpetersäure.

Aufbewahrung: Nach § 2 und 3 des Giftgesetzes getrennt von den übrigen, nicht giftigen Waaren, kühl in sehr gut schliessenden Gefässen, abseits von allen anderen Präparaten, da ihre Dämpfe äusserst zerstörend auf in der Nähe befindliche Gefässe, Utensilien und Waaren wirken. **Abgabe:** An als zuverlässig bekannte Personen nur zu erlaubten Zwecken (§ 12), eventuell gegen Erlaubnissschein, deutlich signirt mit der Bezeichnung Gift, in sehr gut schliessenden, starken Glasstöpselflaschen, die man am besten in ein Kästchen setzt und mit Kieselguhr, Sand oder Erde umgiebt. Vom Postverkehr ist Salpetersäure vollständig ausgeschlossen!

Reine Salpetersäure (Acidum nitricum purum) wird durch Rektifikation aus der vorher genannten rohen Salpetersäure gewonnen und bildet eine farblose, stark ätzende, an der Luft mehr oder weniger rauchende Flüssigkeit, bezüglich deren dieselben Vorsichtsmassregeln gelten, wie bei rauchender Salpetersäure, wenn sie auch nicht so intensiv wirkt, wie diese. Reine Salpetersäure wird in der chemischen Industrie, zu wissenschaftlichen und auch zu medicinischen Zwecken gebraucht.

Aufbewahrung: Nach § 2 und 3 des Giftgesetzes getrennt von den übrigen, nicht giftigen Waaren, kühl in sehr gut schliessenden Glasstöpselgefässen, im übrigen wie die rohe Salpetersäure. **Abgabe:** An als zuverlässig bekannte Personen nur zu erlaubten Zwecken (§ 12), eventuell gegen Erlaubnissschein, deutlich signirt mit der Bezeichnung Gift und im übrigen wie die rohe Salpetersäure.

Salzsäure (Chlorwasserstoffsäure, Acidum hydrochloricum) wird in grossen Mengen als Nebenprodukt bei der Sodafabrikation durch Einwirkung von Schwefelsäure auf Kochsalz gewonnen und in verschiedener Form in den Handel gebracht. Rohe rauchende Salzsäure (Acidum hydrochloricum crudum) bildet eine mehr oder weniger gelbe, an der Luft äusserst heftig reizende Dämpfe ausstossende, ätzende und giftige Flüssigkeit, welche auf der Haut schmerzhafte Brandwunden bewirkt und die Kleider so stark verbrennt, dass dieselben sehr bald an den von der Säure berührten Stellen zerfallen. Die Dämpfe der Salzsäure greifen, wie diese selbst, organische Stoffe (Holz etc.), Metalle und auch Stein an. Man hüte sich, beim Umfüllen dieselben einzuathmen und entferne etwa vergossene Salzsäure sofort mit viel Wasser. Mit koncentrirter Salzsäure darf nie in geschlossenen Räumen hantirt werden! — Reine Salzsäure (Acidum hydrochloricum purum) bildet eine farblose, in koncentrirtem Zustande im Uebrigen der rohen Salzsäure durchaus gleiche Flüssigkeit und ist auch mit den gleichen Vorsichtsmassregeln zu behandeln wie diese. Salzsäure wird in grossen Mengen in der chemischen Industrie, der Technik und den Gewerben gebraucht. Reine Salzsäure findet auch zu wissenschaftlichen und medicinischen Zwecken Anwendung.

Verdünnte Salzsäure, welche nur 15 Proc. oder weniger Salzsäure enthält, ist nicht als Gift im Sinne des Giftgesetzes zu betrachten, immerhin aber mit Vorsicht aufzubewahren und abzugeben.

Aufbewahrung: Nach § 2 und 3 des Giftgesetzes getrennt von den übrigen, nicht giftigen Waaren, kühl in sehr gut schliessenden Gefässen. Koncentrirte, rauchende Salzsäure ist in einem besonderen, für derartige Säuren reservirten Raume des Kellers aufzubewahren. **Abgabe:** An als zuverlässig bekannte Personen nur zu erlaubten Zwecken (§ 12), eventuell gegen Erlaubnissschein, deutlich signirt mit der Bezeichnung Gift, in sehr gut schliessenden, starken Glasgefässen.

Gifte der Abtheilung 3.

Schwefelkohlenstoff (Carboneum sulfuratum) wird in chemischen Fabriken durch Ueberleiten von Schwefeldampf über rothglühende Kohlen dargestellt. Er bildet eine schwere, farblose, oder etwas gelbliche, leicht bewegliche und sehr flüchtige Flüssigkeit, von stinkendem, stechendem Geruch und scharfem Geschmack. Schwefelkohlenstoff verdunstet bereits äusserst reichlich bei gewöhnlicher Temperatur und bildet Dämpfe, die mit der Luft gemischt, ein äusserst explosibles Gemenge geben. Auch ohnedies entzünden sich dieselben so leicht, dass schon eine glühende Kohle genügt, die Schwefelkohlenstoffdämpfe zur Entflammung zu bringen. Schwefelkohlenstoff darf demnach nie bei offener Flamme umgefüllt werden, ebenso darf nie mit Schwefelkohlenstoff hantirt werden, wenn sich Licht oder Feuer nur in der Nähe befindet. Er findet in der Technik in grossen Mengen Anwendung, und zwar beim Vulkanisiren des Kautschuks zum Lösen von Schwefel und Kautschuk, ferner zur Extraktion von Fetten und Oelen aus Knochen, Samen und dergl., in der Strohhutfabrikation, zum Vertreiben der Insekten (Kornwurm, Motten), in der chemischen Industrie etc. Zu medicinischen und wissenschaftlichen Zwecken bedient man sich des durch Destillation gereinigten Schwefelkohlenstoffs.

Aufbewahrung: Nach § 2 und 3 des Giftgesetzes getrennt von den übrigen, nicht giftigen Waaren; kühl, in sehr gut schliessenden, festen nur zu $^2/_3$ gefüllten Gefässen bei den feuergefährlichen Flüssigkeiten. **Abgabe:** An als zuverlässig bekannte Personen nur zu erlaubten Zwecken (§ 12), eventuell gegen Erlaubnissschein, deutlich signirt mit der Bezeichnung Gift und feuergefährlich. Schwefelkohlenstoff ist vom Postversandt vollkommen ausgeschlossen.

Schwefelsäure (Acidum sulfuricum) wird in chemischen Fabriken in grossen Mengen dargestellt und in verschiedener Reinheit und Konzentration in den Handel gebracht.

Rauchende Schwefelsäure (Vitriolöl, Acidum sulfuricum fumans) bildet die konzentrirteste und gefährlichste Form der Schwefelsäure. Es ist eine sehr schwere, mehr oder weniger gelb bis braun gefärbte äusserst ätzende Flüssigkeit, die an der Luft schwere weisse Nebel ausstösst. Die rauchende Schwefelsäure zerstört bei der geringsten Berührung sämmtliche organische Körper, ebenso Metalle und

Stein. Sie verbrennt die Haut und hinterlässt schwer heilbare, entzündliche Brandwunden. Kleider etc. werden sofort durchgebrannt. Man hüte sich beim Hantiren mit rauchender Schwefelsäure, was übrigens nur im Freien geschehen darf, vor jedem Verspritzen und spüle etwa verschüttete Säure sofort mit viel Wasser ab. Rauchende Schwefelsäure wird in der chemischen Industrie und der Technik vielfach angewendet. Man bezeichnet aber mit dem Namen Vitriolöl in den Kleingewerben auch die nachfolgend beschriebene englische Schwefelsäure.

Aufbewahrung: Nach § 2 und 3 des Giftgesetzes getrennt von den übrigen, nicht giftigen Waaren. Da die rauchende Schwefelsäure in der Kälte erstarrt und bei mässiger Wärme schon reichlich Dämpfe entwickelt, ist dieselbe im Keller, vor Frost geschützt in sehr dicht schliessenden Gefässen aufzubewahren, die nur $^2/_3$ gefüllt sind. **Abgabe:** In starken, sehr gut schliessenden, nicht gänzlich gefüllten Flaschen, die man am besten noch in ein Kistchen mit Kieselguhr steckt, mit der Bezeichnung Gift.

Englische Schwefelsäure (rohe Schwefelsäure, Acidum sulfuricum crudum) ist die gebräuchlichste Form der konzentrirten Schwefelsäure und bildet eine mehr oder weniger gelbe, schwere Flüssigkeit, die zwar keine Dämpfe ausstösst, im übrigen aber mit derselben Vorsicht zu behandeln, aufzubewahren und abzugeben ist, wie die rauchende Schwefelsäure. Sie findet in der chemischen Industrie weitgehendste Anwendung, auch in der Mineralwasserindustrie (zur Entwickelung der Kohlensäure aus Magnesit), in der Fabrikation künstlicher Düngemittel zum Aufschliessen der Superphosphate, zur Bereitung von Wichse, in den Gewerben etc.

Reine Schwefelsäure (Acidum sulfuricum purum) bildet eine schwere, wasserhelle Flüssigkeit, die im übrigen mit derselben Vorsicht zu behandeln, aufzubewahren und abzugeben ist, wie rauchende Schwefelsäure. Sie wird in der chemischen Industrie, sowie zu wissenschaftlichen und medicinischen Zwecken gebraucht.

Verdünnte Schwefelsäure (Acidum sulfuricum dilutum) wird dargestellt, indem man unter sorgfältigem Umrühren die berechnete Menge konzentrirte Schwefelsäure

Gifte der Abtheilung 3.

in das Wasser giesst, niemals umgekehrt! Die Flüssigkeit erhitzt sich hierbei unter Umständen bis zum Kochen. Es ist deshalb grosse Vorsicht bei dieser Verdünnung am Platze. Dieselbe darf nur in starken Thon- oder Porcellangefässen (niemals in Glasgefässen) nach und nach vorgenommen werden. Verdünnte Schwefelsäure wird vielfach als Putzmittel im Haushalte und den Gewerben angewendet. Sie ist zwar nicht so stark ätzend, wie die vorher genannte englische Schwefelsäure, ist aber trotzdem mit Vorsicht aufzubewahren und abzugeben. Verdünnte Schwefelsäure, die nur 15 % reine Schwefelsäure oder weniger enthält, unterliegt nicht mehr den Bestimmungen des Giftgesetzes.

Silbersalze, d. h. Verbindungen des Silbers mit verschiedenen Säuren werden verhältnissmässig selten in der Industrie und den Gewerben gebraucht. Mit Ausnahme von Chlorsilber (Argentum chloratum), welches in der Technik vielfach Anwendung findet, aber als nicht giftig im Sinne des Giftgesetzes zu bezeichnen ist, sind sämmtliche Silbersalze giftig und bezüglich ihrer Aufbewahrung und Abgabe so zu behandeln wie das nachfolgend beschriebene salpetersaure Silber.

Salpetersaures Silber (Höllenstein, Argentum nitricum) wird durch Auflösen von Silber in Salpetersäure und Eindampfen der Lösung dargestellt und bildet entweder schwere, wasserhelle Krystalltafeln oder weisse Stengelchen von krystallinischer Struktur. Dieses in Stengel ausgegossene salpetersaure Silber heisst Argentum nitricum fusum und wird fast nur als Aetz- oder Reizmittel zur Entfernung von Warzen, krankhaften Wucherungen u. dergl. angewendet. Das krystallinische Salz findet ebenfalls medicinische Anwendung; in grösserem Maasse aber wird es in der Technik zum Färben von Haaren, Horn etc., zur Darstellung von Versilberungsflüssigkeiten, und zu photographischen Zwecken gebraucht.

Aufbewahrung: Nach § 2 und 3 des Giftgesetzes getrennt von den übrigen, nicht giftigen Waaren. Da Silbernitrat sich in Berührung mit organischen Stoffen, besonders unter Einwirkung des Lichtes, sehr leicht zersetzt und sich hierbei grau oder schwarz färbt, ist es in braunen, sehr gut verschlossenen Gläsern vor Licht geschützt aufzubewahren. Höllensteinstengel bettet man, damit sie nicht zerbrechen, am besten in Hirsekörner. **Abgabe:** An als zuverlässig bekannte Personen nur zu erlaubten Zwecken (§ 12), eventuell gegen Erlaubnissschein, deutlich signirt mit der Bezeichnung Gift oder Vorsicht, in braunen Gläsern. **Gegengifte:** Kochsalz, Eiweiss, Milch.

Stephanskörner (Läusekörner, Staphisagriakörner, Semen Staphisagriae) nennt man die glatten, dreieckigen, rauhen, graubraunen Samen einer in Südeuropa einheimischen Rittersporn art (Delphinium Staphisagria), welche zur Darstellung von Ungeziefermitteln und auch zu medicinischen Zwecken hin und wieder Anwendung finden und giftige Pflanzenbasen enthalten.
Aufbewahrung: Nach § 2 und 3 des Giftgesetzes getrennt von den übrigen, nicht giftigen Waaren. **Abgabe:** An als zuverlässig bekannte Personen nur zu erlaubten Zwecken (§ 12), eventuell gegen Erlaubnissschein, deutlich signirt mit der Bezeichnung Gift oder Vorsicht.

Zinksalze, d. h. Verbindungen des Zinks mit verschiedenen Säuren sind sämmtlich als Gifte im Sinne des Giftgesetzes zu bezeichnen, mit Ausnahme von kohlensaurem Zink (Zincum carbonicum.) Ebenso ist das bekannte Zinkoxyd (Zincum oxydatum) nicht giftig. Von den wichtigeren Zinksalzen des Handels sind zu erwähnen:

Zinkacetat (essigsaures Zink, Zincum aceticum) bildet weisse, glänzende, schwach nach Essigsäure riechende Krystallblättchen, die fast nur zu wissenschaftlichen und medicinischen Zwecken Anwendung finden.
Aufbewahrung: Nach § 2 und 3 des Giftgesetzes getrennt von den übrigen, nicht giftigen Waaren; in gut schliessenden Glasgefässen. **Abgabe:** An als zuverlässig bekannte Personen nur zu erlaubten Zwecken (§ 12), eventuell gegen Erlaubnissschein, deutlich signirt mit der Bezeichnung Gift oder Vorsicht. **Gegengifte:** Schleimige Getränke, Eiweiss, Milch, Gerbsäure, später Opium; letzeres nur auf ärztliche Verordnung.

Zinkchlorid (Chlorzink, Zincum chloratum) bildet ein weisses, an der Luft leicht zerfliessendes Pulver oder weisse, ebenso leicht zerfliessliche Stangen. Es bewirkt auf der Haut, auch in Form des scheinbar trockenen Pulvers, schmerzhafte Aetzungen und ist deshalb mit besonderer Vorsicht zu behandeln. Etwa verschüttete Mengen von Chlorzink sind sofort mit viel Wasser zu beseitigen. Chlorzink findet zu wissenschaftlichen und (selten) zu medicinischen Zwecken Anwendung, in grösserem Maasse in der Technik und zur Konservirung von Holz.

Aufbewahrung: Nach § 2 und 3 des Giftgesetzes getrennt von den übrigen, nicht giftigen Waaren; in sehr gut verschlossenen, am besten mit Paraffin zugegossenen Steingut- oder Glasgefässen, vor Feuchtigkeit geschützt. **Abgabe:** An als zuverlässig bekannte Personen nur zu erlaubten Zwecken (§ 12), eventuell gegen Erlaubnissschein, deutlich signirt mit der Bezeichnung Gift, in gut verschlossenen Kruken oder Gläsern. **Gegengifte:** Wie bei Zinkacetat.

Zinksulfat (schwefelsaures Zink, Zinkvitriol, weisser Vitriol, Zincum sulfuricum) bildet kleine, nadelförmige, dem ungiftigen Bittersalz sehr ähnliche farblose Krystalle, oder weiss bis gelbweiss gefärbte krystallinische Massen. In reinem Zustande wird es zu wissenschaftlichen und medicinischen Zwecken gebraucht, in rohem Zustande (als Zincum sulfuricum crudum) zum Konserviren von Hölzern, zur Darstellung von Zinkfarben, als Schutzmittel gegen Hausschwamm, als Trockenmittel für Oelfarben und Firnisse, zum Konserviren von Häuten u. dergl.

Aufbewahrung: Nach § 2 und 3 des Giftgesetzes getrennt von den übrigen, nicht giftigen Waaren. **Abgabe:** An als zuverlässig bekannte Personen nur zu erlaubten Zwecken (§ 12), eventuell gegen Erlaubnissschein, deutlich signirt mit der Bezeichnung Gift oder Vorsicht. **Gegengifte:** Wie bei Zinkacetat.

Zinnsalze, d. h. Verbindungen des Zinns mit verschiedenen Säuren, sind sämmtlich ohne jede Ausnahme als Gifte im Sinne des Giftgesetzes zu behandeln. Von den im Handel befindlichen Zinnsalzen nennen wir nur das folgende

Zinnchlorür (Chlorzinn, Zinnsalz, Stannum chloratum) durch Auflösen von Zinn in Salzsäure gewonnen, bildet kleine, nadelförmige weisse oder gelbliche Krystalle, die an der Luft sehr leicht feucht werden. Das reine Zinnchlorür findet zu wissenschaftlichen Zwecken, selten in der Medicin Anwendung. Das rohe Salz wird in grossen Mengen in der Färberei als Beize und zur Nuancirung verschiedener Farben gebraucht. Als Zinnkompositionen finden in der Färberei auch Lösungen von Zinn in einer Mischung von Salzsäure und Salpetersäure vielfach Anwendung. Ebenso dient ein Doppelsalz aus Zinnchlorür und dem ungiftigen

Salmiak (Chlorammonium) unter dem Namen **Pinksalz** (**Rosasalz**) in der Färberei zu ähnlichen Zwecken wie das rohe Chlorzinn.

Aufbewahrung: Nach § 2 und 3 des Giftgesetzes getrennt von den übrigen, nicht giftigen Waaren; in gut schliessenden Gefässen, trocken. **Abgabe:** An als zuverlässig bekannte Personen nur zu erlaubten Zwecken (§ 12), eventuell gegen Erlaubnissschein, deutlich signirt in gut schliessenden Gefässen mit der Bezeichnung Gift. **Gegengifte:** Wie bei Zinnoxyd.

IV. Giftige Farben.

Wie alle Gifte sind auch die giftigen Farben einzutheilen in solche der Abtheilung 1, der Abtheilung 2 und in solche der Abtheilung 3. Wir unterscheiden demnach:

I. Giftige Farben, welche im Giftschrank aufzubewahren, weiss auf schwarz zu signiren und nach Eintragung in's Giftbuch nur gegen Giftschein abzugeben sind (Abth. 1). Hierzu gehören die Arsenfarben, Quecksilberfarben (ausser Zinnober) und die Uranfarben.

II. Giftige Farben, welche lediglich abgesondert von den übrigen Waaren aufzubewahren, roth auf weiss zu signiren und nach Eintragung in das Giftbuch nur gegen Giftschein abzugeben sind (Abth. 2). Hierzu gehört nur reines Gummigutti.

III. Giftige Farben, welche lediglich abgesondert von den übrigen Waaren aufzubewahren, roth auf weiss zu signiren und ohne Giftschein, aber, wie die übrigen giftigen Farben auch, nur an erwachsene, als zuverlässig bekannte Personen abzugeben sind. Hierzu gehören sämmtliche Farben, welche enthalten: Antimon, Baryum, Blei, Chrom, Gummigutti, Kadmium, Kupfer, Pikrinsäure, Zink oder Zinn mit Ausnahme folgender ungiftigen diesbezüglichen Verbindungen: Baryumsulfat (Schwerspath), Chromoxyd, Schwefelkadmium, Schwefelzink, Schwefelzinn (Musivgold), Zinkoxyd, Zinnoxyd, ferner metallischem Kupfer, Zink und Zinn, sowie deren Legirungen, soweit sie überhaupt als Farben Anwendung finden.

Giftige Farben.

Sämmtliche trockenen Farben dürfen in Schiebladen aufbewahrt werden, welche mit Deckeln versehen und von festen Füllungen umgeben sind (Näheres siehe S. 6).
Gebrauchsfertige Farben, d. h. Oel-, Harz- oder Lackfarben, sowie andere giftige Farben, welche in Form von Stiften, Pasten, Steinen oder in geschlossenen Tuben zum unmittelbaren Gebrauch in den Handel kommen unterliegen lediglich den Bestimmungen des § 17 (Siehe S. 20).

Da bei der Kenntniss der einzelnen Farben mit Bezug auf die Bestimmungen des Giftgesetzes lediglich deren wesentliche Bestandtheile in Frage kommen, im übrigen aber sich über dieselben viel Interessantes nicht sagen lässt, sehen wir davon ab, dieselben einzeln zu behandeln, wie dies bei den übrigen Giften geschehen ist. Wir stellen vielmehr nur sämmtliche giftigen Farben zusammen, damit der Händler weiss, unter welche Abtheilung dieselben gehören, und demnach, wie sie bezüglich der Aufbewahrung und Abgabe zu behandeln sind. Dabei nehmen wir auf die äusserst verschiedenartige Bezeichnung jeder einzelnen Farbe weitgehendste Rücksicht und stützen uns auf ein Verzeichniss, welches G. Lebbin seinerzeit im Auftrag des Berliner Polizeipräsidiums ausgearbeitet hat.

In dem folgenden Schema sind sämmtliche gebräuchlichen giftigen Farben des Handels aufgenommen, mit Ausnahme der Anilin- und Theerfarbstoffe. Dieselben werden zur Zeit fast ausschliesslich in ungiftigem Zustande in den Handel gebracht. Bei der ausserordentlich vielfältigen und verschiedenartigen Benennung derselben ist es kaum möglich, mit Sicherheit deren jeweilige etwaige Giftigkeit zu bestimmen. Der Händler schützt sich am besten dadurch vor jeder Uebertretung der Vorschriften über den Handel mit Giften, dass er von seinem Lieferanten eine entsprechende Deklaration über etwaige giftige Bestandtheile der betreffenden Anilin- oder Theerfarben fordert.

Die Zahlen I, II oder III bezeichnen die Zugehörigkeit der einzelnen Farben zu Abtheilung 1, 2 oder 3 der Anlage I.

Farben, welche in der nachfolgenden Aufstellung nicht Erwähnung gefunden haben, dürfen als ungiftig bezeichnet werden.

Giftige Farben.

Gebräuchlicher Name der Farbe.	Wesentlicher Bestandtheil	Abth.
Acajoublau	Ferrocyanwasserstoffsaur. Kupfer	III.
Aegyptisch Blau . .	Kieselsaures Kupfer	III.
Aerugo	Essigsaures Kupfer	III.
Alexandergrün . . .	Kohlensaures oder borsaures Kupfer	III.
Algarothpulver . . .	Antimonoxyd und Antimontrichlorid	III.
Alkermes minerale .	Rothes Schwefel-Antimon . . .	III.
Altenburger Gelb . .	Chromsaures Blei	III.
Altonaer Grün . . .	Arsensaures und essigsaures Kupfer	I.
Amerikanisches Gelb	Chromsaures Blei	III.
Amerikanisches Grün	Bleihaltiges Chromoxyd . . .	III.
Antimonblüthe . . .	Antimonoxyd oder Antimonoxychlorid	III.
Antimonbraun . . .	Antimonoxyd und Schwefelantimon	III.
Antimongelb	Antimonsaures Blei	III.
Antimonocker . . .	Antimonoxyd	III.
Antimonorange . . Antimonroth . . . Antimonschwarz .	Schwefelantimon	III.
Antimonweiss . . .	Antimonoxyd	III.
Antimonzinnober . .	Antimonoxyd und Schwefelantimon	III.
Apfelgrün	Chromsaures Blei und kohlensaures Kupfer	III.
Apollogrün	Borsaures oder kohlensaures Kupfer	III.
Arnaudons Grün . .	Borsaures oder phosphorsaures Chromoxyd	III.
Arsenblei	Arsenigsaures Blei	I.
Arsenglas, gelb oder roth . . . . . Arsenrubin . . .	Schwefelarsen	I.
Aschengrün	= Schweinfurter Grün	I.

Giftige Farben.

Gebräuchlicher Name der Farbe	Wesentlicher Bestandtheil	Abth.
Auripigment	Schwefelarsen	I.
Azurblau	Kohlensaures Kupfer	III.
	Unter d. Namen Azurblau kommt aber auch das ungiftige Ultramarin und Kobaltkaliumsilikat im Handel vor.	
Baltimoregelb . . .	Chromsaures Blei	III.
Barytgelb	Chromsaures Baryum . . .	III.
Barytgrün	Mangansaures oder chromsaures Baryum	III.
Baseler Grün . . .	= Schweinfurter Grün	I.
Bergblau	Kohlensaures Kupfer	III.
Berggrün	Besteht entweder aus Schweinfurter Grün	I.
	od. a. kohlens. od. borsaur. Kupfer	III.
Berliner Weiss . . .	Kohlensaures Blei	III.
Bleibraun	Bleisuperoxyd	III.
Bleibronce	Jodblei	III.
Bleigelb	Chromsaures Blei oder Bleioxyd	III.
Bleiglätte . . . . } Bleigrau . . . . } Bleiroth . . . . . }	Bleioxyd	III.
Bleischwarz . . . } Bleischweif . . . }	Schwefelblei . . . . oder der ungiftige Graphit.	III.
Bleivitriol	Schwefelsaures Blei	III.
Bleiweiss	Kohlensaures, antimonsaures, salzsaures oder schwefelsaures Blei	III.
Bleizinnober	Bleioxyd	III.
Boettger's Grün . .	Mangansaures Baryum	III.
Bolley's Grün . . } Borgrün . . . }	Borsaures Kupfer	III.
Braunschweiger Grün	Entweder Schweinfurter Grün . .	I.
	od. kohlensaures od. weinsaures Kupfer od. chromsaures Blei	III.
Braunsteingrün . . .	Mangansaures Baryum	III.

Giftige Farben.

Gebräuchlicher Name der Farbe	Wesentlicher Bestandtheil	Abth.
Bremer Blau....	Kohlensaures Kupfer......	III.
Bremer Grün ...	Entweder Schweinfurter Grün ..	I.
	oder kohlensaures Kupfer ..	III.
Breslauer Braun ..	Ferrocyanwasserstoffsaur. Kupfer	III.
Brighton's Grün ..	Kohlensaures u. essigsaur. Kupfer	III.
Brillantscharlach ..	Entweder Jodquecksilber....	I.
	oder ein ungiftiger Theerfarbstoff	
Brixener Grün ...	Arsenigsaures und essigsaures Kupfer	I.
Cahlaer Gelb ...	Chromsaures Blei	III.
	oder das ungiftige Eisenoxydhydrat.	
Cahlaer Grün ...	= Schweinfurter Grün	I.
Casseler Blau ...	Kohlensaures Kupfer......	III.
Casseler Gelb ...	Bleioxychlorid oder Jodblei ..	III.
Casseler Grün ...	Entweder arsenigsaures u. essigsaures Kupfer........	I.
	oder mangansaures Baryum .	III.
Casselmann's Grün .	Essigsaures und schwefelsaures Kupfer	III.
Cassius'scher Goldpurpur	Zinnsaures Goldoxydul	III.
Chemischbraun...	Ferrocyanwasserstoffsaur. Kupfer und Kalium	III.
Chemischgelb ...	Bleioxychlorid	III.
Chinagelb.....	Entweder Schwefelarsen ...	I.
	od. d. ungiftige Eisenoxydhydrat.	
Chinesischroth ...	Chromsaures Blei	III.
	oder der ungiftige Zinnober.	
Chromblau	Borsaures und chromsaures Baryum, Aluminium u. Magnesium	III.
Chrombraun	Chromsaures Kupfer	III.
Chrombronce ...	Chromchlorid........	III.
Chromgelb	Entweder chromsaures Baryum, Blei, Calcium oder Zink ..	III.

Giftige Farben.

Gebräuchlicher Name der Farbe	Wesentlicher Bestandtheil.	Abth.
Chromgrün	Entweder reines ungiftiges Chromoxyd; oder Chromhydroxyd, borsaures und phosphorsaures Chromoxyd oder eine Mischung aus Chromgelb und Berliner Blau	III.
Chromkupferschwarz	Chromsaures Kupfer	III.
Chromocker	Chromgelb	III.
Chromorange Chromroth Chromscharlach	Chromsaures Blei u. Bleioxyd	III.
Chromschwarz	Ungiftiges Chromoxyd. oder chromsaures Kupfer	III.
Chromzinnober	Chromsaures Blei	III.
Citronengelb	Chromsaures Blei oder Zink od. d. ungiftige Schwefelkadmium.	III.
Coelin Coerulein Coeruleum	Zinnsaures Kobaltoxydul od. ein ungiftiger Theerfarbstoff.	III.
Deckgrün	= Schweinfurter Grün	I.
	od. Chromgrün	III.
Deckweiss	Kohlensaures Blei	III.
Deckroth	Chromsaures Blei	III.
Dinitrokresol	Kresolhaltig	III.
Douglasgrün	Chromsaures Baryum	III.
Ecarlat	Entweder Jodquecksilber	I.
	od. ein ungiftiger Theerfarbstoff.	
Edelrost	Salzsaures oder essigsaur. Kupfer	III.
Eisenacher Grün	= Schweinfurter Grün	I.
Eisenbahngrün	Chromsaures Blei	III.
Eisengelb	Chromsaures Eisen oder Blei oder das ungiftige Eisenoxyd.	III.
Eisenschwarz	Antimonmetall oder der ungiftige Graphit.	III.
Eislebener Grün	= Schweinfurter Grün	I.

Giftige Farben.

Gebräuchlicher Name der Farbe	Wesentlicher Bestandttheil	Abth.
Eltner's Grün	Kupferoxychlorid oder Chromsaures Blei	III.
Englischblau	Kohlensaures Kupfer	III.
	oder ein ungiftiger Pflanzenfarbstoff.	
Englischgelb		
Englisches Patentweiss	Bleioxychlorid	III.
Englischgrün	Entweder Schweinfurter Grün	I.
	oder chromsaures Blei mit Berliner Blau	III.
Erdgrün	Entweder Schweinfurter Grün	I.
	oder kohlensaures Kupfer	III.
Erlaergrün	Chromsaures Kupfer	III.
Erlanger Grün	= Schweinfurter Grün	I.
Fayencegrün	Indigo mit Zinnverbindungen	III.
Fleischroth	Chromsaures und zinnsaures Calcium, Kali und Zink	III.
Flohbraun	Entweder Bleisuperoxyd	III.
	od. das ungiftige Manganoxyd.	
Florentiner Braun	Ferrocyanwasserstoffsaur. Kupfer	III.
	oder ein ungiftiger Pflanzenfarbstoff.	
Friesisch Grün	Kupfersalmiak	III.
Gelbglas	Schwefelarsen	I.
Gelbin	Chromsaures Baryum, Calcium oder Strontium	III.
Gentèle's Grün	Zinnsaures Kupfer	III.
Genueser Weiss	Kohlensaures Blei	III.
Giftfreies Grün	Ist entweder ungiftiges Chromoxyd oder Kupferoxychlorid oder Chromhydroxyd	III.
Giftfreies Kupfergrün	Borsaures Kupfer	III.
Giftgrün	= Schweinfurter Grün	I.
Glätte	Bleioxyd	III.
Glanzgrün	Kohlensaures Kupfer	III.

Giftige Farben.

Gebräuchlicher Name der Farbe	Wesentlicher Bestandtheil	Abth.
Goldbronce-Surrogat.	Jodblei	III.
Goldgelb	Entweder chromsaures Blei oder mangansaures Zink u. Schwefelzink	III.
	oder das ungiftige Eisenoxyd.	
Goldglätte	Bleioxyd	III.
Goldschwefel	Schwefelantimon	III.
Gothaer Gelb	Chromsaures Blei	III.
Gothaer Grün	Chromoxydhydrat	III.
Granatroth	Bleioxyd	III.
Grünspahn, englisch. do. französ., grüner od. krystallisirter od. präcipitirter	Essigsaures Kupfer	III.
Grundirgrün	= Schweinfurter Grün	I.
Guignet's Grün	Entweder Chromoxydhydrat oder das ungiftige Chromoxyd.	III.
Gummigutti Gutti	Ein Pflanzenfarbstoff	II.
Hamburger Blau	Kohlensaures Kupfer	III.
Hamburger Gelb	Chromsaures Blei	III.
Hamburger Weiss	Kohlensaures Blei	III.
Hatchett's Braun	Eisenblausaures Kupfer	III.
Hautgelb	Chromsaures Blei	III.
Havraneck's Grün	Eisenblausaures Chrom u. Zinn	III.
Himmelblau	Kupferoxydhydrat	III.
Hochgrün Hörmann's Grün	= Schweinfurter Grün	I.
Holländer Weiss	Kohlensaures Blei	III.
	oder die ungiftige kieselsaure Thonerde.	
Jasmingrün Jasnügergrün	= Schweinfurter Grün	I.
Jodgelb	Jodblei	III.
Jodinroth	Jodquecksilber	L

Giftige Farben.

Gebräuchlicher Name der Farbe	Wesentlicher Bestandtheil	Abth.
Jonquillegelb . . .	Chromsaures Blei	III.
Jungferngrün . . .	Borsaures Kupfer	III.
Kaisergelb	Entweder chromsaures Blei . .	III.
	od. ungiftiges Eisenhydroxyd oder ein Theerfarbstoff.	
Kaisergrün	= Schweinfurter Grün	I.
Kalkblau	Kohlensaures Kupfer.	III.
Kalkchromgelb . . .	Chromsaurer Kalk	III.
Kalkgrün	Entweder Schweinfurter Grün . .	I.
	oder ein Gemisch aus salpetersaurem Kupfer und Kalk oder kohlensaures Kupfer	III.
Kermes	Schwefelantimon	III.
Kirchberger Grün . .	= Schweinfurter Grün	I.
Kobaltarsenroth. . ⎫ Kobaltroth . . . ⎭	Arsensaures Kobalt	I.
Kobaltrosa . . .	Arsen- und phosphorsaur. Kobalt	I.
Koechlin's Chromgrün	Kobaltoxyd und Chromoxyd und Thonerde	III.
Kölner Gelb	Chromsaures Blei	III.
Königsgelb	Schwefelarsen oder schwefelsaur. Quecksilber	I.
	oder Chromsaures Blei oder Bleioxyd	III.
Kremnitzer od. Kremserweiss	Kohlensaures Blei	III.
Kuhlmann's Grün . .	Salzsaures Kupfer	III.
Kupferblau . . .	Kohlensaures Kupfer	III.
Kupferbraun. . . .	Kupferoxyd und eisenblausaures Kupfer	III.
Kupferbraunroth . .	Kupferoxyd, Thonerde u. Eisenoxyd	III.
Kupfergrün	Entweder Schweinfurter Grün .	I.
	oder kohlensaures, borsaures od. zinnsaures Kupfer	III.
Kupferindig	Schwefelkupfer	III.

Giftige Farben.

Gebräuchlicher Name der Farbe	Wesentlicher Bestandtheil	Abth.
Kupferlasur	Kohlensaures Kupfer	III.
Kupferschwarz . .	Schwefelkupfer oder chromsaures Kupfer	III.
Kupferroth	Kupferoxydul	III.
Kurrer's Grün . . ⎫ Lackirgrün . . . ⎭	= Schweinfurter Grün	I.
Lapislazuliblau . . .	Kohlensaures Kupfer . . . . . oder das ungiftige Ultramarin.	III.
Laubgrün	Chromoxydhydrat oder chromsaures Blei . . . . od. ein ungiftiger Pflanzenfarbstoff.	III.
Leipziger Gelb . . .	Chromsaures Blei	III.
Leipziger Grün . . ⎫ Leobschützer Grün ⎭	= Schweinfurter Grün	I.
Lichtgelb	Chromsaures Zink	III.
Maigrün	Schweinfurter Grün . . . . . . oder chromsaures Blei . . .	I. III.
Malachitgrün . . .	Kohlensaures Kupfer . . . . . oder ein ungiftiger Theerfarbstoff.	III.
Malerweiss	Kohlensaures Blei . . . . . . oder ungiftige Kreide.	III.
Malgrün	= Schweinfurter Grün	I.
Manganblau	Mangansaures u. kieselsaures Baryum und Calcium	III.
Mangangrün	Mangansaures Baryum	III.
Marigolt Tint . . .	Chromsaures Zink	III.
Massicot	Bleioxyd	III.
Mathieu-Plessis' Grün	Chromoxydhydrat	III.
Mengel	Bleioxychlorid	III.
Mennie oder Mennige	Bleioxyd	III.
Merkurgelb	Schwefelsaures Quecksilber . .	I.
Metallocker	Bleioxyd und Bleichromat . . od. ungiftiges kieselsaur. Eisen.	III.
Metallsafran	Schwefelantimon	III.
Mineralbergblau . .	Kohlensaures Kupfer	III.

Giftige Farben. 111

Gebräuchlicher Name der Farbe	Wesentlicher Bestandtheil	Abth.
Mineralblau	Kohlensaures Kupfer	III.
	oder ungiftiges wolframsaur. Ammonium oder eisenblausaures Eisen.	
Mineralgelb	Bleioxychlorid oder Bleioxyd u. schwefelsaures Blei	III.
	oder ungiftige Wolframsäure.	
Mineralgrün	Schweinfurter Grün	I.
	oder kohlensaures Kupfer oder mangansaures Baryum . . .	III.
Mineralkermes . . .	Schwefelantimon	III.
Mineral-Turpath . .	Schwefelsaures Quecksilber. .	I.
Mineralroth	Schwefelarsen	I.
Minium	Bleioxyd	III.
Mitisgrün	= Schweinfurter Grün.	I.
Mittler's Grün . . .	Chromoxydhydrat oder phosphorsaures Chromoxyd	III.
Molybdänblau . . .	Molybdänsaures Zinn	III.
	oder ungiftige molybdänsaure Thonerde.	
Montpellier-Gelb . .	Bleioxychlorid	III.
Moosgrün	Schweinfurter Grün	I.
	oder chromsaures Blei u. Berliner Blau.	III.
Mülhäuser Weiss . .	Schwefelsaures Blei	III.
Münchener Grün . .	= Schweinfurter Grün	I.
Myrthengrün. . . .	Chromoxydhydrat oder chromsaures Blei und Berliner Blau .	III.
Napoleonsgrün . . .	Kohlensaures Kupfer	III.
Naturgrün	Chromoxydhydrat	III.
Neapelgelb	Antimonsaures Blei od. chromsaures Blei	III.
Neapelgrün	Chromoxydhydrat oder chromsaures Blei und Berliner Blau	III.
Neapolitanische Erde	Antimonsaures Blei	III.
Nelkenfarbe	Chromsaures Zinnoxydul . . .	III.

Giftige Farben.

Gebräuchlicher Name der Farbe	Wesentlicher Bestandtheil	Abth.
Neubergblau....	Kohlensaures Kupfer......	III.
Neublau.....	Kohlensaures Kupfer.....	III.
	Unter diesem Namen kommen auch eine ganze Anzahl ungiftiger Farbstoffe in den Handel.	
Neugelb.....	Bleioxyd, Bleioxychlorid...	III.
	oder chromsaures Blei oder ein ungiftiger Theerfarbstoff.	
Neugrün.....	= Schweinfurter Grün.....	I.
Neuwieder Blau..	Kohlensaures Kupfer.....	III.
Neuwieder Grün..	Arsensaures Kupfer.....	I.
Nossener Blau...	Kieselsaures Kupfer.....	III.
Nürnberger Grün..	Chromoxydhydrat.......	III.
Oelblau.....	Schwefelkupfer.......	III.
	oder kohlensaures Kupfer oder ungiftiges Ferrocyaneisen.	
Oelgrün....	Chromoxydhydrat, chromsaures Blei, chromsaures Kupfer od. phosphorsaures Chromoxyd..	III.
Orangemennige..	Bleioxyd..........	III.
Orpin......	Schwefelarsen.......	I.
Pannetier's Grün..	Chromoxydhydat......	III.
Papageigrün...	= Schweinfurter Grün.....	I.
Pariser Chromgelb.	Chromsaures Blei......	III.
Pariser Gelb....	Chromsaures Blei oder Bleioxychlorid........	III.
Pariser Grün...	= Schweinfurter Grün.....	I.
	oder ein ungiftiger Theerfarbstoff.	
Pariserroth....	Bleioxyd oder chromsaur. Blei oder ungiftiges Eisenoxyd od. Schwefelquecksilber.	III.
Patentgelb....	Bleioxychlorid.......	III.
Patentgrün....	= Schweinfurter Grün.....	I.
Patentweiss...	Bleioxychlorid.......	III.
Patina......	Kupferoxyd und Chlorkupfer.	III.

Gebräuchlicher Name der Farbe	Wesentlicher Bestandtheil	Abth.
Pattison's Weiss	Bleioxychlorid	III.
Pelletier's Grün	Borsaures Kupfer	III.
Perlweiss	Kohlensaures Blei oder ungiftiges Chlorwismut oder kohlensaurer Kalk.	III.
Permanentbronce	Chromchlorid	III.
Permanentgrün	Chromoxydhydrat od. ungiftiges kieselsaures Eisen.	III.
Permanentroth	Bleioxyd	III.
Persisch Gelb	Schwefelarsen	I.
Persisch Grün	= Schweinfurter Grün	I.
Persisch Roth	Chromsaures Blei oder ungiftiges Eisenoxyd.	III.
Pickelgrün	= Schweinfurter Grün	I.
Pikrinsäure	Ein gelber Theerfarbstoff	III.
Pinkcouleur	Chromsaures Zinn oder zinnsaures und chromsaures Chrom, Zink und Calcium	III.
Plessy's Grün	Chromoxydhydrat	III.
Preussisch Grün	Chromsaures Blei und Berliner Blau	III.
Rauschgelb Rauschroth Realgar	Schwefelarsen	I.
Resedagrün	= Schweinfurter Grün od. chromsaures Blei und Berliner Blau.	I. III.
Rosenstiehl's Grün	Mangansaures Baryum	III.
Rothblei	Bleioxyd	III.
Rother Arsenik Rubinschwefel	Schwefelarsen	I.
Saalfelder Grün	= Schweinfurter Grün	I.
Sammetgelb	Chromsaures Zink	I
Sandarak-Farbe	Schwefelarsen	I.
Scarlet	Jodquecksilber	I.

Giftige Farben.

Gebräuchlicher Name der Farbe	Wesentlicher Bestandtheil.	Abth.
Scharlachroth . . .	Jodquecksilber . . . . . . od. ungiftiges Eisenoxyd.	I.
Scheele'sches Grün .	Arsenigsaures Kupfer. . . .	I.
Schiefergrün. . . .	Kohlensaures Kupfer.	III.
Schieferweiss . . .	Kohlensaures Blei . . . . . . od. ungiftige kieselsaure Magnesia.	III.
Schneeweiss	Kohlensaures Blei . . . . . . od. ungiftiges Zinkoxyd, Baryumsulfat oder Chlorwismut.	III.
Schnitzer's-Grün . .	Chromoxydhydrat	III.
Schobergrün. . . . ⎫	= Schweinfurter Grün . . .	I.
Schöngrün . . . . ⎭	od. chromsaur. Blei u. Berl. Blau	III.
Schwedisches Grün .	Arsenigsaures Kupfer. . . .	I.
Schweinfurter Grün ⎫	Arsenigsaures und essigsaures	
Schweizer Grün . ⎭	Kupfer	I.
Seidengrün	Chromoxydhydrat oder chromsaures Blei und Berliner Blau	III.
Seladongrün. . . .	= Schweinfurter Grün . . . od. ungiftiges kieselsaures Eisen.	I.
Sideringelb	Chromsaures Eisen	III.
Silberglätte	Bleioxyd	III.
Silbergrau	Kohlensaures Blei u. Graphit od. andere ungiftige Mischungen.	III.
Silberroth	Chromsaures Silber	III.
Silberweiss	Kohlensaures Blei	III.
Smalte, grüne . . .	Chromsilikat und kieselsaures Kalium	III.
Smaragdgrün . . .	Chromoxydhydrat oder chromsaures Zink	III.
	oder Schweinfurter Grün . . .	I.
Spahngrün	Essigsaures Kupfer	III.
Spanisch Gelb . . .	Schwefelarsen	I.
Spiessglanz	Schwefelantimon	III.
Spiesburger Weiss .	Antimonsaures Blei	III.

Giftige Farben.

Gebräuchlicher Name der Farbe	Wesentlicher Bestandtheil	Abth.
Staubgrün	= Schweinfurter Grün	I.
	od. kohlensaures Kupfer	III.
Steinblau	Kohlensaures Kupfer	III.
Steinbühler Gelb	Chromsaures Calcium, Strontium oder Zink	III.
Strassburger Grün	= Schweinfurter Grün	I.
Strontiumgelb	Chromsaures Strontium	III.
Tapetenbronce	Chromchlorid	III.
Thessie's Blau	Wolframsaures Zinn u. Ammonium	III.
Türkisch Grün	Chromoxydhydrat oder Kobaltchromthonerdeoxyd	III.
Türkisgrün	Chromoxydhydrat	III.
Tyroler Grün	Kohlensaures Kupfer	III.
	od. ungiftiges kieselsaur. Eisen.	
Ultramaringelb	Chromsaures Baryum, Blei oder Zink	III.
Ultramaringrün	Entweder phosphorsaures Kupfer	III.
	od. Mischungen des ungiftigen Ultramarinblaus	
Ungarisch Grün	Kohlensaures Kupfer	III.
Urangelb	Uransaures Ammonium oder Natrium	I.
Vandykroth	Kupferoxydul, Ferrocyankupfer oder chromsaures Blei	III.
Venetianer Weiss	Kohlensaures Blei	III.
	od. ungiftige kieselsaure Magnes.	
Verdeter	Arsenigsaures Kupfer und Gips	I.
	oder kohlensaures Kupfer	III.
Verdit	Essigsaures Kupfer	III.
Vermillon, amerikan.	Chromsaures Blei	III.
Veroneser Gelb	Bleioxydchlorid	III.
Victoriagrün	Chromsaures Blei und Berliner Blau	III.
	od. ein ungiftiger Theerfarbstoff.	
Violetter Lack	Chromsaures Zink	III.
Vitriolbleiweiss	Schwefelsaures Blei	III.

Giftige Farben.

Gebräuchlicher Name der Farbe	Wesentlicher Bestandtheil	Abth.
Wassergrün	Kohlensaures Kupfer	III.
Wiener Grün . . .	= Schweinfurter Grün	I.
Wiesengrün	Schweinfurter Grün	I.
	od. kohlensaures Kupfer . . .	III.
Wismutgelb	Chromsaures Wismut oder antimonsaures Blei	III.
Wolframblau	Wolframsaures Zinn	III.
Wolframweiss . . .	Wolframsaures Blei	III.
Würzburger Grün .	= Schweinfurter Grün	I.
Wunderblau . . . Zinkblau . . . . }	Ferrocyanzink	III.
Zinkgelb	Chromsaures Zink	III.
Zinkgrün	Chromsaures Zink und Berliner Blau	III.
	od. ungiftiges Kobaltzinkoxyd.	
Zinngrün . . . . Zinnkupfergrün . }	Zinnsaures Kupfer	III.
Zinnblau	Ferrocyanzinn-Eisenkalium . .	III.
Zinnober, grüner . .	Chromoxydhydrat oder chromsaures Blei mit Berliner Blau	III.
	oder ungiftiges Chromoxyd.	
Zinnober, österreich. .	Chromsaures Blei	III.
Zinnoberroth	Ungiftiges Schwefelquecksilber	
Zinnoberersatz . . .	Bleioxyd u. Eosin oder Chromsaures Blei	III.
Zinnobergrün . . .	Chromsaures Blei und Berliner Blau	III.
Zwickauer Gelb . .	Chromsaures Blei	III.
Zwickauer Grün . .	= Schweinfurter Grün	I.

V. Ungeziefermittel.

Von der grossen Menge der im Handel befindlichen Zubereitungen zur Vertilgung von Ungeziefer und schädlichen Thieren aller Art sollen im Folgenden nur diejenigen Erwähnung finden, welche unter Verwendung von „Gift" im Sinne des Giftgesetzes hergestellt werden.

Wie auf Seite 21 bereits erwähnt wurde, ist sämmtlichen derartigen Präparaten eine Belehrung beizugeben. Wenn durch die zuständige Aufsichtsbehörde der Text einer solchen nicht schon festgestellt ist, kann der folgende Wortlaut, der für sämmtliche giftigen Ungeziefermittel passt, gewählt werden:

Belehrung
über
die Gefahren beim Verkehr mit giftigen Ungeziefermitteln.

Sämmtliche in den Verkehr gebrachten giftigen Ungeziefermittel, wie **Arsenik, Schweinfurter Grün, Giftweizen, Phosphorlatwerge, Phosphorpillen** etc. sind in gleichem Maasse für Menschen wie für Thiere giftig! Dieselben sind unter Verschluss, fern von Nahrungs- und Genussmitteln, nie in der Küche oder in Wohn- oder Schlafräumen aufzubewahren. Kinder dürfen zu denselben keinen Zutritt haben!

Bei dem Auslegen derartiger Ungeziefermittel, was am besten Abends geschieht, sind solche Orte zu wählen, zu denen weder Kinder, noch andere unerfahrene Personen oder Hausthiere Zutritt haben. Von den lästigen Thieren am nächsten Morgen nicht gefressene Ueberbleibsel, sowie sämmtliche nicht sofort verbrauchte Reste des Giftes sind zu vernichten oder mit der grössten Sorgfalt, wie oben erwähnt, aufzubewahren. Arsenik, Schweinfurter Grün und Giftweizen verbrennt man am besten. Phosphorlatwerge und Phosphorpillen wirft man in den Abort. Dasselbe thut man mit den leeren Gefässen.

Bei der Hantirung mit giftigen Ungeziefermitteln ist darauf zu achten, dass die Hände keine Wunden tragen. Der kleinste

Riss in der Haut kann Veranlassung zu einer **Blutvergiftung** bieten. Jedes Einathmen giftigen Staubes oder Dampfes ist sorgfältig zu vermeiden.

Nach gethaner Arbeit sind die Hände sorgfältig zu waschen und sämmtliche Spuren des Giftes von Kleidern, Geräthschaften und dergl. zu entfernen.

Wenn nur der Verdacht einer Vergiftung vorliegt, ist sofort ärztliche Hilfe herbeizuholen! Unterdessen versuche man, durch Reizen des Schlundes oder Brechmittel den Patienten zum Brechen zu bringen.

Arsenhaltige Ungeziefermittel.

Arsenhaltiges Fliegenpapier darf nach dem Wortlaut des § 18 des Giftgesetzes (siehe Seite 21) weder feilgehalten noch abgegeben werden.

Diese Bestimmung ist während der Drucklegung dieses Buches **aufgehoben** und zwar auf Grund eines Bundesrathsbeschlusses vom 17. Mai 1901, nach welchem der Handel mit Fliegenpapier unter Bedingungen, welche noch bekannt gegeben werden, wieder **freigegeben** ist. Man stellt solches arsenhaltiges Fliegenpapier in der Regel so dar, dass das Papier mit einer Lösung von arsenigsaurem Kali getränkt und getrocknet wird.

Arsenik und andere arsenhaltige Ungeziefermittel dürfen in jeder Form zur Abgabe gelangen, wenn sie mit einer in Wasser leicht löslichen grünen Farbe (am besten Anilingrün) vermischt, also **grün gefärbt** sind. Das gilt auch für **Schweinfurter Grün.** Da dasselbe in Wasser unlöslich ist, muss ihm eine wasserlösliche grüne Farbe zugesetzt werden. Ein Zusatz von etwa 10 g Anilingrün auf 1 kg der betreffenden Präparate dürfte diesen Anforderungen genügen.

Arsenhaltige Ungeziefermittel sind in der **Giftkammer** bezw. im **Giftschrank** aufzubewahren und dürfen nur gegen **Erlaubnissschein** und **Giftschein** abgegeben werden. Die Gefässe müssen die Aufschrift Gift und den Namen des Präparates tragen. Jeder Packung ist folgende oder eine ähnliche **Belehrung** beizufügen:

Vorsicht! Starkes Gift!

Aufbewahrung: Man kaufe nur geringe Mengen auf einmal und bewahre sie unter Verschluss fern von Nahrungs- und Genussmitteln, nie in der Küche auf.

Gebrauch: In Schlaf- und Kinderstuben nicht verwendbar. Beim Ausstreuen hüte man sich vor Einathmen des Pulvers, wasche die Hände nach dem Gebrauch und vernichte die Reste im Behälter durch Feuer.

Vergiftungszeichen: Choleraähnlich. Durst. Leibschmerz. Erbrechen. Durchfall.

Gegengift: 1. Brechmittel aller Art, Reizung des Schlundes. 2. Kalkwasser in Verbindung mit Milch und Eiweiss. 3. Das in jeder Apotheke vorräthige Arsengegengift. — Aerztliche Hilfe!

Strychninhaltige Ungeziefermittel.

Strychninhaltiges Getreide (Hafer, Weizen, Roggen etc.) ist die einzige Form, in welcher Strychnin zum Zwecke der Vertilgung von Ungeziefer in den Handel gebracht werden darf. Dasselbe darf nicht mehr als $1/2\%$ Strychnin enthalten und soll, um Verwechselungen zu verhüten, dauerhaft roth gefärbt sein.

Für die Aufbewahrung und Abgabe desselben gelten die für Gifte der Abtheilung 2 aufgestellten Vorschriften Es soll in mit gut schliessenden Deckeln versehenen Schiebladen, welche in vollen Füllungen gehen, oder in anderen dichten, festen, gut verschliessbaren Gefässen, von den übrigen Vorräthen getrennt, aufbewahrt werden (Siehe § 3), nicht in der Giftkammer. Die Gefässe müssen die Aufschrift Gift und den Namen des Präparates in rother Schrift auf weissem Grunde tragen. Nachfolgende oder eine ähnliche Belehrung ist jedem Pakete beizugeben:

Vorsicht! Starkes Gift!

Aufbewahrung: Man kaufe nur geringe Mengen auf einmal und bewahre sie sorgfältig unter Verschluss fern von Nahrungs- und Genussmitteln, nie in der Küche auf.

Gebrauch: Der Weizen ist in die Mauselöcher zu schütten. Müssen die Körner frei ausgelegt werden, so wähle man Stellen, welche Kindern unzugänglich sind, lege nur Nachts aus und sammle am Morgen die Reste. Reste und Schachteln sind zu verbrennen.

Vergiftungszeichen: Unruhe. Ameisenkriechen. Kurzathmigkeit, Schlingbeschwerden, Zucken in Armen und Beinen, Steifheit der Glieder, Starrkrampf.

Gegengifte: 1. Fortwährendes Herumführen. Der Patient soll nicht ruhen. 2. Bei Starrkrampf künstliche Athmung. — Aerztliche Hilfe!

Phosphorhaltige Ungeziefermittel.

Phosphorpillen werden entweder fabrikmässig oder mit Handbetrieb aus Mehl, Wasser, Fett und Phosphor unter Zusatz von etwas Schwefel sowie von Anisöl als Witterung angefertigt. Sie halten sich verhältnissmässig lange Zeit, wenn sie trocken in gut verschlossenen Gefässen aufbewahrt werden. Sie sind im Giftschrank bezw. in der Giftkammer aufzubewahren und schwarz auf weiss zu signiren. In Schiebekästen dürfen Phosphorpillen nicht aufbewahrt werden, sondern nur in festen, dichten, gut verschliessbaren Gefässen (siehe § 3). Bei der Abgabe ist zum mindesten ein Giftschein zu fordern, eventuell auch ein Erlaubnissschein. Die Phosphorpillen sind in dicht schliessenden Gefässen abzugeben (feste, gut verschlossene Pappkartons sind zulässig) und deutlich zu signiren. Jeder Packung ist die folgende oder eine ähnliche Belehrung beizufügen:

„Vorsicht!! Starkes Gift!!"

Aufbewahrung: Man kaufe nur geringe Mengen auf einmal und bewahre sie unter Verschluss fern von Nahrungs- und Genussmitteln, nie in der Küche auf.

Gebrauch: Zur Vertilgung von Ratten und Mäusen lege man die Pillen in die Löcher. Muss man sie offen auslegen, so wähle man Stellen, die thunlichst für Kinder unzugänglich sind, lege nur Nachts aus und sammle Morgens die Reste. Nach jedem Gebrauch wasche man die Hände. Reste und Behälter sind in den Abort zu werfen.

Vergiftungszeichen: Erbrechen, Durst. Leibschmerz. Durchfall. Ohnmacht. Das Erbrechen leuchtet im Dunkeln und riecht Athemluft und Stuhl nach Knoblauch.

Gegengifte: 1. Brechmittel aller Art, Reizung des Schlundes. 2. Altes Terpentinöl vom nächsten Apotheker nach dessen Vorschrift. — Aerztliche Hilfe! —
Zu vermeiden: Ricinusöl, Milch, Oele, Fette.

Phosphorpasta ist eine Mischung aus minderwerthigem Mehl, Fett und Phosphor, welcher Zuckersirup, hin und wieder auch etwas Schwefel und meist etwas Anisöl als Witterung zugesetzt ist. Diese Pasta hält sich nur eine kurze Zeit lang, ist demnach entweder frisch zu bereiten oder frisch zu beziehen. Etwa vorhandene Vorräthe sind bei dem Phosphor und unter denselben Vorsichtsmassregeln wie dieser aufzubewahren (siehe § 7). Die Abgabe geschieht gegen Giftschein bezw. auch gegen Erlaubnissschein in gut verschlossenen Kruken, deutlich signirt mit der deutlichen Aufschrift Gift und nachfolgender oder einer ähnlichen Belehrung:

Vorsicht!! Starkes Gift!!

Aufbewahrung: Man kaufe nur geringe Mengen auf einmal und bewahre sie unter Verschluss fern von Nahrungs- und Genussmitteln, nie in der Küche auf.

Gebrauch: Der Brei ist auf Brot oder Schinkenschwarte gestrichen zur Vertilgung von Ratten oder Mäusen in die Löcher einzubringen. Muss man das Gift frei auslegen, so beschränke man den Gebrauch auf die Nachtstunden und auf Stellen, welche für Kinder unzugänglich sind und sammle am Morgen die Reste. Holzspähne, Behälter und Reste werfe man in den Abort. Nach jeder Hantirung mit dem Gift wasche man die Hände.

Vergiftungszeichen: Erbrechen. Durst. Leibschmerz. Durchfall. Ohnmacht. Das Erbrechen leuchtet im Dunkeln und riecht Athemluft und Stuhl nach Knoblauch.

Gegengifte: 1. Brechmittel aller Art, Reizung

des Schlundes. 2. Altes Terpentinöl vom nächsten Apotheker nach dessen Vorschrift. — Aerztliche Hilfe! — Zu vermeiden: Ricinusöl, Milch, Oele, Fette.

Phosphoröl, Phosphorsirup und andere Zubereitungen des Phosphors kommen als Ungeziefermittel kaum in Betracht, unterliegen aber natürlich auch den Bestimmungen über die Aufbewahrung und Abgabe von Phosphor.

Ungeziefermittel verschiedener Art.

Ausser den vorher genannten Präparaten kommen noch Mischungen der verschiedensten Art in den Handel, welche zur Vertilgung und Vertreibung von allerlei Ungeziefer Anwendung finden. Hierher gehören die sogenannten Läusepulver und Viehwaschmittel, ferner Zubereitungen gegen Wanzen, Flöhe, Schwaben, Fliegen und dergl. Eine Anzahl solcher Mittel sind als nicht giftig im Sinne des Giftgesetzes zu betrachten. Der Vertrieb derselben unterliegt demnach keiner Beschränkung. Die meisten solcher Zubereitungen enthalten jedoch eins oder mehrere Gifte der Abtheilung 1, 2 oder 3. Derartige Präparate sind dann, abgesehen von der jederzeit beizulegenden Belehrung, unter entsprechenden Vorsichtsmassregeln aufzubewahren und abzugeben. Besonders häufig enthalten solche Ungeziefermittel Auszüge aus Koloquinthen, Meerzwiebel, Brechnüssen, Nieswurz, Sabadillsamen und Tabakblättern (bezw. reines Nikotin). Näheres über diese Körper wurde bei der Besprechung der einzelnen Gifte im ersten bis dritten Theil dieser Waarenkunde mitgetheilt.

Sachregister.

Abgabe der Gifte 13.
Acetanilid 2, 45.
Acetum Digitalis 56.
— Plumbi 73.
— Sabadillae 65.
— Scillae 88.
Acidum arsenicicum 29.
— arsenicosum 27.
— carbolicum 82.
— chromicum 54.
— hydrochloricum 94.
— hydrocyanicum 31.
— hydrofluoricum 35.
— hydrojodicum 77.
— nitricum 92.
— — crudum 93.
— — fumans 92.
— — purum 93.
— oxalicum 63.
— picrinicum 91.
— sulfuricum 95.
— — crudum 96.
— — dilutum 96.
— — fumans 95.
— — purum 96.
— trichloraceticum 53.
Adoniskraut 2, 45.
Aerugo 85, 103.
Aether bromatus 51.
Aethylbromid 51.
Aethylenpräparate 2, 46.
Aethylidenchlorid 53.
Aethylidenum bichloratum 53.
Aethylurethan 70.
Aetzbaryt 72.

Aetzkali 81.
Aetznatron 89.
Akonitin 1, 26.
Akonitpräparate 2, 46.
Ammonium cyanatum 32.
— fluorwasserstoffsaures 36.
— hydrofluoricum 36.
— jodatum 76.
— rhodanatum 32.
— sulfocyanatum 33.
Amylenhydrat 2, 47.
Amylennitrit 47.
Amylenum hydratum 47.
Amylium nitrosum 47.
Amylnitrit 2, 47.
Antifebrin 45.
Antimonbutter 71.
Antimonchlorür 4, 71.
Apomorphin 2, 47.
— hydrochloricum 47.
— salzsaures 47.
Aqua Amygdalar. amar. 72.
— Lauro-Cerasi 83.
Argentum chloratum 97.
— nitricum 97.
Arsen 1, 26.
— rothes 27.
Arsenpräparate 26.
Arsenfarben 29.
Arsenglas gelbes 28.
— rothes 28.
Arsenige Säure 27.
Arsenik, weisser 27.
— schwarzer 27.
Arseniksäure 29.

Arsenikseife 30.
Arsenium sulfurat. flav. 28.
— — rubr. 28.
Arsenrubin 28.
Arsensäure 29.
Atropin 1, 30.
Aufbewahrung der Gifte 5.
Auripigment 28.
Auro-Kalium chloratum 75.
— -Natrium chloratum 75.
Aurum chloratum 74.

Barytverbindungen 71.
Baryumkarbonat 72.
Baryumchlorid 72.
Bayumnitrat 72.
Baryumoxyd 72.
Baryumsuperoxyd 72.
Baryumverbindungen 4, 71.
Baryum carbonicum 72.
— chloratum 72.
— hyperoxydatum 72.
— nitricum 72.
— oxydatum 72.
— kohlensaures 72.
— salpetersaures 72.
Belehrungen 21, 117.
Belladonnapräparate 2, 48.
Bilsenkrautpräparate 2, 48.
Bittermandelöl 2, 48.
— blausäurefreies 49.
— künstliches 49.
Bittermandelwasser 4, 72.
Blausäure 31.
Blei, essigsaures 73.
Bleiessig 4, 73.
Bleiextrakt 73.
Bleizucker 4, 73.
Brechnusspräparate 2, 49.
Brechweinstein 2, 50.
Brechwurzelpräparate 4, 74.
Brom 2, 50.
Bromäthyl 2, 51.
Bromäthylen 46.
Bromalhydrat 2, 51.
Bromkadmium 78.
Bromoform 3, 51.
Brucin 1, 30.
Bulbus Colchici 70.

Bulbus Scillae 88.
Butylchloralhydrat 3, 52.
Butyrum Antimonii 71.

Cadmium jodatum 76.
— sulfuricum 78.
Calabarpräparate 3, 52.
Cantharides 68.
Carboneum sulfuratum 95.
Cardol 3, 52.
Chloräthylen 46.
Chloräthyliden 3, 53.
Chloralformamid 3, 53.
Chloralhydrat 3, 53.
Chloralum formamidat. 53.
— hydratum 53.
Chlorgold 74.
Chlorantimon 71.
Chloressigsäure 3, 53.
Chloroform 3, 54.
Chlorsilber 97.
Chlorwasserstoffsäure 94.
Chlorzink 98.
Chlorzinn 99.
Christwurzkraut 45.
Chromsäure 3, 54.
Cocain 3, 55.
— hydrochloricum 55.
— salzsaures 55.
Cocculin 40.
Codein 59.
— hydrochloricum 60.
— phosphoricum 60.
Coffeinum 83.
Colchicin 2, 37.
Collodium cantharidatum 68
Coniin 37.
— bromwasserstoffsaures 37.
— chlorwasserstoffsaures 38.
— hydrobromicum 37.
— hydrochloricum 38.
Convallamarin 3, 55.
Convallarin 3, 55.
Cortex Erythrophloei 56.
Cotoin 60.
Creosotum 84.
Cresolum crudum 84.
Crotonchloralhydrat 52.
Cuprum aceticum 85.

Sachregister.

Cuprum bichloratum 86.
— carbonicum 86.
— chloratum 86.
— nitricum 87.
— oxydatum 86.
— sulfuricum 87.
Curare 2, 31.
Cyanammonium 32.
Cyankalium 2, 31.
Cyanwasserstoffsäure 1, 31.
Cyanquecksilber 32.
Cyanzink 32.

Daturin 2, 34.
Digitalin 2, 34.
Digitoxin 2, 34.

Elaterin 3, 55.
Elaylchlorür 46.
Emetin 2, 34.
Ergotin 88.
Erlaubnissschein 15, 16.
Erythrophloein 2, 35.
Erythrophloeumpräparate 3, 56
Eserin 40.
Euphorbium 3, 56.
Extractum Calabaricae 52.
— Cannabis Indicae 58.
— Cicutae 70.
— Colchici 70.
— Colocynthidis 84.
— Conii 67.
— Digitalis 56.
— Gelsemii 57.
— Gratiolae 57.
— Ipecacuanhae 74.
— Lactucae virosae 57.
— Opii 63.
— Sabinae 65.
— Scillae 88.
— Secalis cornuti 88.
— Stramonii 68.
— Strophanthi 69.
— Strychni 49.
— Veratri 62.

Fabae Calabaricae 52.
— St. Ignatii 66.
Farben, giftige 20, 101.

Farben, Eintheilung 101.
— gebrauchsfertige 102.
Fingerhutpräparate 3, 56.
Fischkörner 60.
Fliegenpapier 117.
Fliegenstein 27.
Fluorammonium 36.
Fluorwasserstoffsäure 2, 35.
Flusssäure 2, 35.
Folia Digitalis 56.
— Stramonii 68.
Fructus Colocynthidis 84.
— Conii 67.

Gelsemiumpräparate 3, 56.
Geräthe für den Giftverkehr 11.
Giftbuch 13.
Giftkammer 8.
Giftlattichpräparate 3, 57.
Giftmehl 27.
Giftschein 17, 18.
Giftschrank 9.
Glonoin 38.
Goldsalze 4, 74.
Goldchlorid 74.
Goldchloridchlornatrium 75.
Gottesgnadenkrautpräparate 3
57.
Grünspan 85, 108.
Gummigutti 3, 58.
Gutti 58.

Handel mit Giften 1.
— Zulassungsbedingungen 22.
Herba Adonidis 45.
— Cannabis Indicae 58.
— Cicutae 70.
— Conii 67.
— Gratiolae 57.
— Lactucae virosae 57.
— Lobeliae inflatae 87.
— Sabinae 65.
Homatropin 2, 36.
— hydrochloricum 36.
Höllenstein 97.
Hüttenmehl 27.
Hydrargyrum bichlorat. 41.
— chloratum 91.
— cyanatum 32.

Hydrargyrum nitricum 41.
— oxydatum 42.
— praecipitat. rubr. 42.
— rhodanatum 33.
— sulfuricum 42.
Hydroxylamin 3, 58.
— hydrochloricum 58.
— salzsaures 58.
Hyoscin 2, 36.
— bromwasserstoffsaures 36.
— hydrobromicum 36.
Hyoscyamin 2, 36.
— bromwasserstoffsaures 36.
— hydrobromicum 36.

Indischer Hanf 3, 58.
Ignatiusbohnen 66.

Jalapenpräparate 3, 59.
Jod 4, 75.
Jodammonium 76.
Jodblei 76.
Jodkadmium 76.
Jodoform 4, 77.
Jodpräparate 4, 76.
Jodkalium 77.
Jodtinktur 75.
Jodwasserstoffsäure 77.

Kadmiumpräparate 4, 77.
Kadmiumsulfat 78.
Kalilauge 4, 78.
Kalium 4, 79.
— Aufbewahrung 10.
— arsenigsaures 30.
— arsensaures 29.
— blausaures 31.
— bichromicum 79.
— bioxalicum 50.
— causticum 81.
— chloricum 80.
— chromicum 81.
— chromsaures 81.
— cyanatum 31.
— cyanwasserstoffsaures 32.
— jodatum 77.
— rhodanatum 33.
— sulfocyanatum 33.
Kaliumarseniat 29.

Kaliumbichromat 4, 79.
— -chlorat 4, 80.
— -chromat 4, 81.
— -cyanid 31.
— -hydroxyd 4, 81.
— -platincyanür 32.
Kalomel 91.
Kammerjäger, Betrieb 22.
Kantharidin 2, 36.
Kantharidenkampher 36.
Karbolsäure 4, 82.
Kirschlorbeerwasser 4, 88.
Kirschlorbeeröl 3, 59.
Kleesalz 80.
Kleesäure 63.
Kobalt 27.
Kodein 3, 59.
Koffein 4, 83.
Kokkelskörner 3, 60.
Kolchicin 2, 37.
Koloquinthenpräparate 4, 84.
Koniin 2, 37.
Kotoin 3, 60.
Kreosot 4, 84.
Kresole 5, 84.
Kresolseifenlösung 85.
Krotonöl 3, 60.
Kupfer, essigsaures 85.
— salpetersaures 87.
— schwefelsaures 87.
Kupferacetat 85.
— -chlorid 86.
— -chlorür 86.
— -karbonat 86.
— -nitrat 87.
— -oxyd 86.
— -sulfat 87.
Kupferverbindungen 5, 85.
Kupfervitriol 87.

Läusekörner 65, 98.
Liquor Cresoli saponatus 85.
— Kalii arsenicosi 30.
— Kali caustici 78.
— Natri hydrici 90.
— Plumbi subacetici 73.
Lobelienkraut 5, 87.

Meerzwiebelpräparate 5, 88.

Mirbanöl 62.
Morphin 3, 60.
— hydrochloricum 60.
Mutterkornextrakt 5, 88.

Näpfchenkobalt 27.
Narcein 3, 60.
Narkotin 3, 60.
Natrium 5, 89.
— Aufbewahrung 10.
— dichromicum 89.
— doppelt chromsaures 89.
— hydricum 89.
Natriumdichromat 89.
Natriumhydroxyd 5, 89.
Natronlauge 5, 90.
Niesswurzpräparate 3, 61.
Niesswurz, grüne 61.
— schwarze 61.
— weisse 62.
Nikotin 2, 38.
Nitrobenzol 3, 62.
Nitroglycerin 2, 38.

Oleum Crotonis 60.
— Laurocerasi 59.
— Mirbani 62.
— Sabinae 65.
— Sinapis 67.
— Tiglii 60.
Operment 28.
Opium 3, 63.
Opiumpräparate 63.
Oxalium 80.
Oxalsäure 3, 63.

Paraldehyd 3, 64.
Pental 3, 64.
Pfeilgift 31.
Phenacetin 5, 91.
Phenol 82.
Phosphor 3, 10, 39.
— amorpher, rother 40.
Phosphorpasta 121.
Phosphorpillen 120.
Phosphorsirup 121.
Physostigmin 2, 40.
Pikrinsäure 5, 91.
Pikrotoxin 2, 40.

Pilokarpin 3, 64.
— bromwasserstoffsaures 65.
— hydrobromicum 65.
— hydrochloricum 64.
— salzsaures 64.
Pinksalz 100.
Plumbum aceticum 73.
— jodatum 76.

Radix Gelsemii 57.
— Hellebori nigri 61.
— — viridis 61.
— Ipecacuanhae 74.
— Scammoniae 66.
— Scillae 88.
Rauschgelb 28.
Realgar 28.
Reducirsalz 58.
Resina Jalapae 59.
— Scammoniae 66.
Rhizoma Veratri 62.
Rhodanammonium 32.
Rhodankalium 33.
Rhodannatrium 33.
Rhodanquecksilber 33
Rosasalz 100.

Quecksilberchlorid 2, 41.
— -chlorür 5, 91.
— -nitrat 41.
— -oxyd 42.
— -oxydulnitrat 41.
— -präparate, verschiedene, 2, 41, 43.
— -salpetersaures 41.
— -schwefelsaures 42.
— -sublimat 41.
— -sulfat 42.

Sabadillpräparate 3, 65.
Sadebaumpräparate 3, 65.
Salpetersäure 5, 92.
— rauchende 92.
— reine 93.
— rohe 93.
Salpetrigsäureamylester 47
Salzsäure 5, 94.
— rauchende 94.
— reine 94.

Salzsäure, verdünnte 94.
Sankt Ignatiussamen 3, 66.
Santonin 3, 66.
Sassi-Rinde 56.
Scammoniumpräparate 3, 66.
Scheidewasser 92.
Scherbenkobalt 27.
Schierlingpräparate 3, 67.
Schwefelarsen, gelbes 28.
— rothes 28.
Schwefelcyanammonium 32.
Schwefelcyankalium 33.
Schwefelkohlenstoff 95.
Schwefelsäure 5, 95.
— englische 96.
— rauchende 95.
— reine 96.
— rohe 96.
— verdünnte 96.
Schweinfurter Grün 29.
Seifenstein 89.
Semen Cocculi 60.
— Colchici 70.
— Sabadillae 65.
— Staphisagriae 98.
— Stramonii 68.
— Strophanthi 69.
— Strychni 49.
Senföl 4, 67.
Sevenkraut 65.
Silbersalze 5, 97.
Silber, salpetersaures 97.
Signirung der Gefässe 7.
Skopolamin 2, 43.
— hydrobromicum 43.
Spanische Fliegen 4, 68.
Stannum chloratum 99.
Staphisagriakörner 98.
Stechapfelpräparate 4, 68.
Stephanskörner 5, 98.
Stibium chloratum 71.
Strophanthin 43.
Strophanthuspräparate 4, 69.
Strychnin 43.
— nitricum 44.
— salpetersaures 44.
— schwefelsaures 44.
— sulfuricum 44.
Strychninnitrat 44.

Strychninsulfat 44.
Strychninhaltiges Getreide 119.
Sublimat 41.
Sulfonal 4, 69.

Tartarus stibiatus 50.
Tetronal 69.
Teufelaugenkraut 45.
Thallin 4, 69.
— schwefelsaures 69.
— sulfuricum 70.
— tartaricum 70.
— weinsaures 70.
Tikunas-Gift 31.
Tinctura Calabaricae 52.
— Cannabis Indicae 58.
— Cantharidum 68.
— Colchici 71.
— Colocynthidis 84.
— Conii 67.
— Digitalis 56.
— Gelsemii 57.
— Gratiolae 57.
— Jalapae 59.
— Ipecacuanhae 74.
— Jodi 75.
— Lobeliae inflatae 88.
— Opii 63.
— Scillae 88.
— Stramonii 68.
— Strophanthi 69.
— Strychni 49.
— Veratri 62.
Trichloressigsäure 53.
Trinitrophenol 91.
Trional 69.
Tubera Jalapae 59.

Ungeziefermittel 21, 117, 122.
— arsenhaltige 117.
— phosphorhaltige 119.
— strychninhaltige 118.
Uranacetat 45.
Urangelb 44.
Urannitrat 44.
Uranoxyd 44.
— essigsaures 45.
— salpetersaures 44.
Uranum nitricum 44.

Uranylacetat 45.
Uranylnitrat 44.
Urethane 4, 70.

Veratrin 2, 45.
Verpackung der Gifte 19.
Verzeichniss der Gifte 1.
Vitriol, blauer 87.
— weisser 99.
Vitriolöl 95.
Vinum Colchici 71.
— Ipecacuanhae 74.
Vorrathsgefässe 5, 7.

Wasserschierlingpräparate 4, 70.
Witherit 72.

Zeitlosenpräparate 4, 70.

Zincum aceticum 98.
— chloratum 98.
— cyanatum 32.
— sulfuricum 99.
Zink, essigsaures 98.
— schwefelsaures 99.
Zinkacetat 98.
Zinkchlorid 98.
Zinksalze, verschiedene 5, 98.
Zinksulfat 99.
Zinkvitriol 99.
Zinnchlorür 99.
Zinnkompositionen 99.
Zinnsalze, verschiedene 5, 99.
Zuckersäure 63.
Zulassungsbedingungen z. Gifthandel 22.

MIX
Papier aus verantwortungsvollen Quellen
Paper from responsible sources
FSC® C105338

If you have any concerns about our products,
you can contact us on
ProductSafety@springernature.com

In case Publisher is established outside the EU,
the EU authorized representative is:
**Springer Nature Customer Service Center GmbH
Europaplatz 3, 69115 Heidelberg, Germany**

Printed by Libri Plureos GmbH
in Hamburg, Germany